彩图版

自然动物景观

戚光英 编著

Wuhan University Press
武汉大学出版社

前言
PREFACE

　　我国幅员辽阔，地形复杂，具有丰富的自然地理、自然气候、自然遗产、自然风景、自然名胜、自然人文等，有着非常的独特魅力与深刻内涵。

　　我国地形丰富多样，平原、高原、山地、丘陵、盆地五种地形齐备。其中，山区面积广大，约占全国面积的三分之二。复杂多样的地形，形成了我国复杂多样的自然地理。

　　我国属于季风性气候区，冬夏气温分布差异很大。全国冬季气温普遍偏低，南热北冷，南北温差较大，有着各具特色的自然气候。我国绝大多数河流分布在东部外流区，内流区河流较少。南方外流河流量大，水位季节变化较小，汛期较长，含沙量小，无结冰期。北方河水流量小，水位季节变化较短，含沙量大。

我国自然资源十分丰富，以名山秀水、密林草原等最为重要。有挺拔的泰山、衡山、华山、恒山、嵩山、黄山、庐山、雁荡山等名山，有奔腾的长江、黄河、黑龙江、松花江、雅鲁藏布江等大河，还有桂林山水、长江三峡、杭州西湖、无锡太湖、海南三亚、云南大理、丽江、西双版纳和台湾日月潭等，还有热带密林、辽阔草原、众多名胜古迹等，它们都闻名世界自然景观。

　　祖国江山如此多娇，自然风光绚丽多彩，非常值得我们喜爱与自豪。因此，我们要满腔激情地去欣赏她、歌颂她、赞美她，我们要热爱我们的伟大祖国。为此，我们特别编辑了这套《中国自然景观丛书》。该书主要包括自然遗产、地理、景观、土地、地质、山脉、水文、名胜、生态、动物、植被、森林等景观内容，知识全面，内容精练，图文并茂，形象生动，通俗易懂，能够培养我们的爱国热情，具有很强的可读性、欣赏性和知识性，是我们广大读者了解中国、增长知识、开阔视野、提高素质、激发爱国情感和学习自然地理的良好读物，也是各级图书馆珍藏的最佳版本。

目 录

CONTENTS

察青松多——白唇鹿

　　察青松多白唇鹿自然保护区位于四川白玉境内，是以保护白唇鹿、金钱豹、金雕等珍稀野生动物及其自然生态系统为主的森林和野生动物类型的国家级自然保护区。

　　察青松多自然保护区隶属于白玉县的麻绒乡、安孜乡、纳塔乡和阿察乡。东面以纳塔乡和白玉县与新龙县的县界为界，西面以麻曲河以西的分水岭为界，南面以白玉县与巴塘、理塘县的县界为界，北面以麻绒乡的集体林与国有林分界线和若当沟与哈皮

柯的分水岭为界。

　　保护区因处在青藏高原东部，加上高海拔及特殊的地形地貌特点，形成了独特的大陆型季风高原气候。这里干湿季节分明，日温差别较大，干燥、寒冷、日照充足，气候立体特征明显，垂直差异大。整个保护区从低到高可划分为3个垂直气候带：山地寒温带、高山亚寒带、高山寒带。

　　区内森林植被保存完好，自然景观优美，风光秀丽，生物资源非常丰富。森林植被原始状态完整，森林生态系统中浓密的林冠层、较厚的苔藓、枯枝落叶层和腐殖质及大面积的高山草甸、湿地系统使它能涵养水源、稳定河川流量，因此它是长江上游重要的水源涵养地。

　　察青松多风景秀丽，自然生态原始完整，湖泊紧密相连，水

清见底，水平如镜，飞禽走兽、结伴成群。栖息在这里的珍稀动物种类繁多，通过调查，区内国家一二级重点保护动物有30种之多，而且分布数量密集。其中重点保护对象白唇鹿有600只以上，在整个自然保护区中以白唇鹿分布数量最大而闻名中外。

这里还有金钱豹、雪豹、黑颈鹤、黑鹳、金雕、玉带海雕、绿尾虹雉等国家一级保护动物，国家二级保护动物有盘羊、岩羊、斑羚、山驴、藏原羚、水鹿、白臀鹿、林麝、金猫、石豹、天鹅、藏马鸡等；另外，在察青松多的高山湖泊中还有原始种的裸鱼。

保护区的自然条件适宜以白唇鹿为主的国家一级保护动物生存。从动物地理分区上看，察青松多靠近古北界与东洋界的分界线，属于古北界青藏区青海藏南亚区，其动物地理群为南北物种

混杂，特有种十分丰富。

白唇鹿是青藏高原的特产动物，为我国特有，是典型的适应高寒草甸生活的种类。白唇鹿是集群生活的鹿类，其集群的大小根据季节和环境的不同有很大区别。

据调查，白唇鹿在我国共有15000余头。白唇鹿在四川分布于甘孜、阿坝、凉山和雅安的24个县境内，甘孜州分布较广，17个县均有。但白玉县察青松多保护区是白唇鹿最集中的分布区之一，保护区的主要保护对象就是白唇鹿及其栖息地。

白唇鹿被誉为中国"活黄金"，又名岩鹿、白鼻鹿、黄鹿。唇的周围和下颌为白色，为我国特产动物。白唇鹿是一种典型的高寒地区的山地动物，是国家重点保护野生动物。

白唇鹿根据组成鹿群的个体年龄和性别，可分为由雌鹿和仔鹿加上1岁雄鹿的雌性群、雄性群以及雌雄混合群3个类型。

白唇鹿在分类上属于偶蹄目，反刍亚目，鹿科，鹿亚科，鹿

属。在进化系统树上被认为是鹿属中处于中间位置的种类，其顺序是泽鹿——水鹿——白唇鹿——马鹿——梅花鹿。白唇鹿起源于青藏高原，没有亚种分化。

白唇鹿体重200千克以上，体长1.5~1.9米，肩高1.2~1.4米，臀高1.2米至1.4米，站立时，其肩部略高于臀部。

白唇鹿耳长而尖。雄鹿生有茸角，一般有5叉，个别老年雄体可达6叉，眉枝与次枝相距远，次枝长，主枝略侧扁。因其角叉的分叉处特别宽扁，故也称作扁角鹿。雌鹿无角，鼻端裸露，上下嘴唇，鼻端四周及下颌终年纯白色，臀部有淡黄色块斑。

白唇鹿的毛及色彩在冬夏有差别。白唇鹿冬季毛厚，毛略粗而稍有弹性，毛形直，毛尖处稍弯曲，通体呈现一致的枯黄褐色，胸腹及四肢内侧乳白或棕白色，四肢下端棕黄浅褐色，臀斑黄白色。

夏季白唇鹿的毛薄而致密，通体色彩多变异，有褐棕色、灰褐色或灰棕色等，臀斑棕色或黄棕色。出生鹿羔的皮毛柔软，在浅棕色的体背分布有不规则的斑点。

白唇鹿通体呈黄褐色，因此当地人又称它"红鹿子"。因其唇端、颊后、颏至喉部毛色纯白，因此而被称为白唇鹿。

白唇鹿的头骨与同属的其他鹿相比，由于鼻部颜面的幅度宽，所以显得幅度宽于长度。这大概与它们要适应干燥而寒冷地带的生活有关。其泪窝大而深，被认为可能与在草原上的相互通讯有关。

白唇鹿齿的特征表现为臼齿的旁茎锥、中茎锥以及后茎锥发达，这被认为是对采食青藏高原坚硬的禾本科和莎草科草本植物的一种适应。

白唇鹿每年繁殖一次，孕期约8个月，每胎产1仔，幼鹿身上有白斑。成年白唇鹿平时雌雄分开活动，只有在交配季节即将来临时，才混合群集由暖季栖息地向越冬栖息地迁移，并最后组成交配群。但各交配群之间界线分明，由主雄支配全群其他成员。

白唇鹿喜群居，除交配季节外，雌雄成体均分群活动，终年漫游于一定范围的山麓、平原，开阔的沟谷和山岭间。主要在晨、夕活动，白天大部分时间均卧伏于僻静的地方休息、反刍。

在气温较高的月份，它们生活于海拔较高的地区，9月份以后随着气温的下降，又慢慢迁往较低的地方生活。

白唇鹿雄鹿长茸期间，一般七八只组成雄鹿群活动于较高的山腰、山脊附近，受惊时均向高处逃窜；雌鹿常10多只一起组成家族性的鹿群，多活动于山体的下部，受惊扰却朝较低处跑。至繁殖季节白唇鹿的集群可多达数十只，乃至百余只。

白唇鹿在晨夕采食，以高原生长的草本为主，禾本科和莎草科植物是白唇鹿的主要食物，它们也啃食山柳、金腊梅、高山栎和小叶杜鹃等灌木的嫩枝叶。但随着栖息环境的不同，其食物比例和成分也有所改变。

但是，白唇鹿分布区域多属牧区，由于畜牧业扩大，草场退化，严重影响了它们的活动、食物基地和分布状况，致使青藏高原边缘地带，如四川盆地西缘和甘肃等山地，它们的分布已呈岛状，社群间缺少基因交换，遗传逐渐衰竭。

白唇鹿保护区对各地资源进行了普查，在查明实际情况的基础上，制订了保护和持续利用的对策和行动计划，包括规划出以保护白唇鹿为主的珍稀动物及其生态系统的自然保护区。

保护区严加控制捕捉幼鹿驯养的非法行为，坚决制止盗猎雄鹿取茸。为确保白唇鹿的种群的恢复和稳定保护区还修建了较大规模的白唇鹿饲养基地，对白唇鹿进行人工圈养与散放。

保护区白唇鹿资源的保护是非常好的，从事保护工作的人员善于利用当地的习俗，建立了村社野生动物保护目标责任书，通过努力，保护区周围的居民把"不杀生"作为行为准则之一。而且，当发现有人到此打猎，当地人会主动去制止。

为了发挥保护区生态保护、科研考察和自然资源合理利用的效应，保护区管理局开展了大量的基础和调研工作。

首先是利用两个管理保护站的基层优势，对自然保护区开展定期的巡查管护，防止野生动物资源破坏和生态环境破坏，打击偷猎盗猎活动，预防森林火灾并对当地生态植被进行恢复治理。

同时还组织业务技术人员和邀请专家对保护区重点保护对象进行科学的考察和研究，随时监测了解野生动物的活动情况、分布数量和生活习性。

察青松多自然保护区自升级为国家级自然保护区以来，保护区管理局切实按照自然保护区野生动物资源的可持续发展与利用的要求，及时完善了管理机构，加强了宣传教育，强化了保护管理力度，采取的多项措施有效地推进了察青松多自然保护区的全面发展。

　　管理局紧紧抓住每年4月的"爱鸟周"和10月的"野生动物保护宣传月"活动开展的有利时机，出动大量人力，大张旗鼓地进行以"爱护家园、珍爱野生动物"为主题的相关知识宣传。

　　同时，管理局还充分利用广播、电视等现代媒体进行宣传，并在保护区周边的路边、沟旁和群众聚集的地方张贴宣传标语，让爱护野生动物、保护野生动物的意识深入人心和家喻户晓。

　　管理局从科学的发展观出发，切实加强对管理人员的培训工作，积极参加各省州林业部门之间组织的各种专业技术培训，并切实加强与各个自然保护区的交流工作，认真借鉴其他保护区的一些成功经验，大大地提高了广大管理工作人员的业务水平和管

理水平。

白唇鹿有"天鹿者,纯灵之兽也"的说法。鹿在我国古代文化中，象征着吉祥、正义、美丽等。鹿在古代还被视为神物，古人认为鹿能给人们带来吉祥幸福和长寿等。白唇鹿深得我国人们喜爱，因此养护白唇鹿具有丰富的文化内涵。

小知识大视野

哈昂那喀，藏语的意思为"鹿哭山"。这是白玉县纳塔乡境内高山沼泽地带边缘的一座被沼泽包围的山，而纳塔乡也属于察青松多白唇鹿保护区的范围。据说，每当鹿群遭到天敌袭击而丧失伙伴时，它们就会穿过沼泽跑到这座山里躲起来。每当深夜，住在附近的藏民们可以听见许多鹿的叫声，那声音就像是在哭一样，听起来十分凄惨。

藏民们说，鹿是懂天性的神物，它们以喊叫的方式呼唤死去的同伴，这座山是它们的最后堡垒，也是它们的祭祀场地。每当哈昂那喀传来鹿的哭声，鹿群就会躲得远远的，它们就会在这周围的地方消失很长一段时间才会再回来。

四川卧龙——大熊猫

　　四川大熊猫栖息地位于四川境内，主要包括卧龙、四姑娘山和夹金山脉，面积9245平方千米。这里拥有丰富的植被种类，是全球最大最完整的大熊猫栖息地。另外，这里也是小熊猫、雪豹及云豹等濒危物种栖息的地方。

　　大熊猫主支在我国中部和南部的演化，其中一种在距今约300万年的更新世初期出现，体形比后来的熊猫还要小，从牙齿推断，它当时已进化成了兼食竹类的杂食兽的卵生熊类。此后，这

一主支向亚热带扩展，广泛分布在华北、西北、华东、西南、华南等处。

大熊猫在演化的过程中，逐渐适应了亚热带竹林生活，体型逐渐增大，以依赖竹子为生。距今50~70万年的更新世中晚期，是大熊猫的鼎盛时期。

后来的大熊猫臼齿发达，爪子除了五趾外，还有一个"拇指"。这个拇指其实是由一节腕骨进化形成，学名叫做"桡侧籽骨"，主要起握住竹子的作用。

从有关化石显示，大熊猫的祖先出现在二三百万年前的洪积纪早期，距今几十万年前是大熊猫的极盛时期，当时大熊猫的栖息地曾覆盖了我国东部和南部的大部分地区。

大熊猫化石通常在海拔500~700米的温带或亚热带森林发现。后来同期的动物相继灭绝，大熊猫却独自存留了下来，并保持了

原有古老特征，所以对大熊猫的研究具有很大的科学价值。

大熊猫在我国具有悠久的历史。古时候，大熊猫被称为"食铁兽"。汉代东方朔著的志怪小说集《神异经》说："南方有兽，名曰啮铁。"

晋代郭璞注释的我国最早的一部解释词义的专著《尔雅·释兽》中说："似熊、小头、痹脚、黑白驳能舔食铜铁及竹骨。"

清代袁枚著的奇书《新齐谐初集》："房县有貘兽，好食铜铁而不伤人，凡民间犁锄刀斧之类，见则涎流，食之如腐。城门上所包铁皮，尽为所啖引。"

大熊猫属于食肉目熊科的一种哺乳动物，体色为黑白两色。大猫熊是我国特有种，全世界野生大猫熊现存大约1600只，由于其生育率低，加上对生活环境的要求相当高，在我国濒危动物红皮书等级中评为濒危物种，为中国国宝。

大熊猫体型肥硕似熊，憨态可掬，但头圆尾短，非常可爱。头部和身体毛色绝大多数为黑白相间，即鼻吻端、眼圈呈"八"字排列，两耳、四肢及肩胛部横过肩部相连成环带为黑色，其余即头颈部、躯干和尾为白色，腹部呈淡棕色或灰黑色。

大熊猫体长为1.2~1.8米，体重为60~125千克。它的前掌除了5个带爪的趾外，还有一个第六趾。其背部毛粗而致密，腹部毛细而长。

已知的大熊猫的毛色共有3种：黑白色、棕白色、白色。生活在陕西秦岭的大熊猫因头部更圆而更像猫，被誉为国宝中的"美人"。

大熊猫主食竹子，属于杂食动物，除了竹子以外，非常喜欢吃苹果，也嗜爱饮水，因此大多数大熊猫的家园都设在溪涧流水附近，以便它们就近便能畅饮清泉。

大熊猫除发情期外，常过着独栖生活，昼夜兼行。个体之间

的巢域有重叠现象，雄体的巢域略大于雌体。雌体大多数时间仅活动于三四十公顷的巢域内，雌体间的巢域不重叠。其食物主要是高山、亚高山上的50种竹类，偶尔食用其他植物。

大熊猫栖息于长江上游各山系的高山深谷，为东南季风的迎风面，气候温凉潮湿，这说明它们是一种喜湿性动物。它们活动的区域多在坳沟、山腹洼地、河谷阶地等。

这些地方土质肥厚，森林茂盛，箭竹生长良好，构成了一个气温相对较为稳定、隐蔽条件良好、食物资源和水源都很丰富的优良食物基地。

从发现的化石看，在漫长的历史发展过程中，大熊猫的发展经历了始发期、成长期和鼎盛期，现在开始进入了衰败期。因此必须人类加强对大熊猫的保护。

四川大熊猫栖息地主要包括7处自然保护区，分别是：卧龙自然保护区、四姑娘山自然保护区、蜂桶寨自然保护区、喇叭河自然保护区、黑水河自然保护区、夹金山自然保护区以及草坡自然保护区等。

卧龙保护区面积达20万公顷，是我国建立最早、栖息地面积最大、以保护大熊猫及高山森林生态系统为主的综合性自然保护区，是四川大熊猫栖息地最重要的核心保护区。

卧龙自然保护区以"熊猫之乡""宝贵的生物基因库""天然动植物园"而享誉中外。

卧龙保护区建立了世界上第一个大熊猫野外生态观察站，中外科学家采用无线电跟踪等手段，对大熊猫个体生态、种群以及大熊猫主食竹类进行研究，取得了可喜的成果。

卧龙保护区内有各种兽类50多种，鸟类300多种，此外还有大量的爬行动物、两栖动物和昆虫等。区内分布的大熊猫约占总数的1/10。

四姑娘山保护区位于四川省阿坝藏族自治州小金县境内，属邛崃山脉，面积48 500公顷，由横断山脉中4座毗连的山峰组成。

根据当地藏民传说，此山为4个美丽的姑娘所化，因而得名。

四姑娘山区内生态条件复杂多样，生物群落类型多样，植被垂直带谱明显，物种十分丰富。

该区是典型的高山草甸动物类群分布区，动物种类丰富，垂直分异十分明显，已发现的脊椎动物54科270多种，其中被列为国家重点保护的野生动物有小熊猫、牛羚、金丝猴、白唇鹿、雪豹、绿尾虹雉等。

在西藏神话传说中，有4位年轻牧羊女为从一只饥饿的豹口中救出大熊猫而被咬死的故事。别的大熊猫听说此事后，决定举行一个葬礼，以纪念这4位女孩。

那时，大熊猫浑身雪白，没有一块黑色斑纹，为了表示对死难者的崇敬，大熊猫们戴着黑色的臂章来参加葬礼。

在这感人葬礼上，大熊猫们悲伤得痛哭流涕，它们的眼泪竟

与臂章上的黑色混合在一起淌下，它们一擦，黑色却染出了大眼点；它们悲痛得揪自己的耳朵抱在一起哭泣，结果身上却出现了黑色斑纹。

大熊猫们不仅将这些黑色斑保留下来作为对4个女孩的怀念，同时，也要让自己的孩子们记住所发生的一切，于是它们把这4位牧羊女变成了一座4峰并立的山。

这座山就是后来矗立在四川卧龙自然保护区的著名的"四姑娘山"。

蜂桶寨保护区位于宝兴县境内的夹金山下，主要保护大熊猫及森林生态系统。保护区面积40 000公顷，群山连绵，河谷纵横，箭竹茂密。

蜂桶寨保护区还是大熊猫、金丝猴等标本的采集地。从宝兴采到的金丝猴标本，曾经引起世界生物学界的巨大兴趣。从此，宝兴被誉为"采集圣地"。

喇叭河保护区始建于1963年，面积共23 872公顷，位于夹金山东南麓，处在绵延起伏的龙门山、邛崃山脉的南缘，是四川盆地向川西高原过渡的高山深谷地带。

区内动物种群以扭角羚及水鹿两种种群数量大，它们分布在区内的大部分区域。大熊猫分布在从索棚沟至石板沟的广大区域

内，但种群数量较少。

黑水河保护区地处成都平原和川西高原接壤地带，保护区总面积为450.2平方千米，动植物资源丰富。

夹金山保护区野生大熊猫约240只左右。雅安市夹金山脉地区向国家先后提供活体大熊猫，占国家调用的全国野生大熊猫总数中的近一半和我国赠予外国的"国礼"大熊猫的2/3，是国际上野生大熊猫的最大供给地。

夹金山脉大熊猫栖息地还是大熊猫等脊椎动物与珙桐等高等植物的模式标本产地。

草坡保护区位于四川省阿坝藏族羌族自治州汶川县境内，总面积55 678公顷。同卧龙自然保护区一样，草坡保护区地处我国大熊猫分布的五大山系的中心地带，位于邛崃山系东麓，以保护

大熊猫及其生态系统为主。

　　大熊猫栖息地除了以上保护区外，周围的一些景区也有部分大熊猫出现。其中青城山都江堰景区位于成都平原西北边缘的都江堰市。这里山清水秀、生态绝佳、历史悠久，曾作为四川大熊猫栖息地的一部分被列入世界自然遗产名录。

　　邛崃市天台山景区位于四川省邛崃市西南端，属邛崃山脉，景区面积达192平方千米。景区气候温和，雨量充沛，动植物种类丰富，有国家保护的珍稀动物大熊猫、红腹角雉、大鲵等。

　　西岭雪山景区位于大邑县西部边缘，地处邛崃山脉中段，属青藏高原东部边缘和成都平原过渡地带。

景区自然资源丰富，植物种类多达3000余种，其间常有大熊猫、牛羚、金丝猴、猕猴、云豹、鸡等珍稀动物出没。

灵鹫山大雪峰景区位于芦山县林区，面积300平方千米，是距成都较近的一片可供游览观光的雪山、高山、草原和原始森林等多种景观区，这里是"大熊猫走廊"。

大风顶景区位于乐山市马边县境内，地处四川盆地和云贵高原的过渡地带，是以保护大熊猫及其生态环境为主的森林和野生动物类型自然保护区。

大猫熊以极为稀少的数量引起人们的深切忧虑和关注，在这种严峻形势面前，我国政府和人民以及有关国际组织、科学团体和科学家们都在积极地投入对大熊猫的保护和科学研究工作，以探索出科学有效的保护方法，开拓出新的保护局面，使大熊猫摆脱濒危的境地，得以永远繁衍下去，与人类共存。

经过多年努力，大熊猫的保护工作，取得了可喜成就。大熊猫种群数量下降趋势基本得到控制，有的保护区种群数量还略有增长。

大熊猫及其栖息地保护工程的实施，对大熊猫野生种群的延续，发挥了重大的作用。

大熊猫异地保护工程，也取得了巨大进展，饲养繁殖大熊猫的成活率有着显著提高，这就证明人工饲养的大熊猫种群是能够得到维持和发展的。

大熊猫异地保护工程的实施，有力地推动了人工饲养种群数量的增长。

大熊猫专家认为，栖息地的整体保护有助于改善大熊猫栖息地"破碎化""岛屿化"现象，将为大熊猫放归野外工作创造有利条件。

被人们尊为"国宝"的大熊猫，有着可爱的面孔、蓬松的皮毛，顽皮的动作和几乎像人一样的进食姿态，这使它成为世界上最逗人喜爱的动物之一。就连世界野生生物基金会成立时，也把大熊猫图像作为会旗和会徽。

大猫熊常常担负"和平大使"的任务，带着中国人民的友谊，远渡重洋，到国外攀亲结友，深受各国人民的欢迎。大熊猫已成为了我国人民情谊的"友好使者"与"和平使者"的象征。

大熊猫作为世界濒危物种保护的象征，除了科学和生态上的特殊价值外，还被赋予了道德和伦理等多种内涵。

我们人类的繁衍发达，社会的文明进步是同自然界的万物相伴相生的，当我们人类处于古猿阶段的时候，大熊猫也已在地球上存在了。

在保护大熊猫的历程中，我国人民培育和形成了对包括自己在内的自然中的一切生物与自然关系的价值取向，那就是爱心、同情、仁慈和友善，它反映了人与自然一种新的关系。这种关系是人与自然同生共存的基本保证。

小知识大视野

相传远古时候，大熊猫是黄龙的坐骑，它经常驮着黄龙云游四方，驱邪降魔。有一天，黄龙预感到大地要发生重大变化，届时要山崩地裂、沧海桑田，食肉动物将难以生存，就规劝大熊猫修心吃素。

温驯的大熊猫听从了黄龙的规劝，改吃箭竹。后来地质变化，与熊猫同属食肉动物的剑齿虎等都因觅食困难，逐渐灭绝了，唯有改吃箭竹的大熊猫适应环境而生存了下来，并且成为稀世珍宝和研究古生物的活化石。

西藏芒康——滇金丝猴

芒康滇金丝猴自然保护区，位于西藏自治区东部昌都地区芒康县境内南北走向的横断山区中部的芒康山，南接滇西北的云岭山脉。

保护区主要保护对象为国家一级保护动物滇金丝猴、斑尾榛鸡、马来熊、绿尾虹雉等珍惜濒危动物及其生态系统。保护区现有滇金丝猴种群数量约500只。

保护区地形相对高差大、纬度较低、强烈深切、地形破碎。

山高、谷狭、坡陡，裸露的岩石与山底原始森林交叉镶嵌是保护区最为典型的地貌特点。著名的澜沧江、怒江、金沙江等大河奔腾于深山峡谷中。

保护区由于受西南季风影响，冬季气候温暖、晴朗和干燥；夏季，来自印度洋孟加拉湾的西南季风暖湿气流和来自太平洋的东南季风暖湿气流相遇，在此形成降水。这里年降水和温度的分布极不均匀，具有典型的山地气候特点。

保护区气候温凉，森林植被保存较好，除阳坡有较大面积的高山栎灌以外，阴坡及众多支沟中都生长着原始的云杉和冷杉林，并混生有落叶松与大叶杜鹃。

这里自然景色呈明显的垂直地带规律，不同海拔分布着不同植被，是芒康红松的故乡，是植物的王国。

森林类型有阔叶林、针阔混成林、高山草甸等。这里分布着云南红豆杉、油麦吊云杉、云杉、冷杉、红松、雪松、高山松、高山柳、红柳、白柳、山杨、云松、高山草甸等珍贵林木。

由于地形地貌的特殊性，造成气候、土壤和森林植被类型的多样性，为野生动物的繁衍提供了通道，使保护区内孕育了众多的野生动物资源。

保护区内除濒危动物滇金丝猴外，还发现了云豹、雪豹、斑

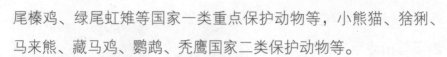
尾榛鸡、绿尾虹雉等国家一类重点保护动物等，小熊猫、猞猁、马来熊、藏马鸡、鹦鹉、秃鹰国家二类保护动物等。

滇金丝猴数量在全国不超过800~1100只，仅分布于南北长约200千米、东西不到40千米的云南德钦县、芒县非常狭窄的区域内。在云南境内仅有350~450只，而西藏境内就有570~690只。滇金丝猴结群生活，每群均在100只以上。各猴群的领地比较固定，人们比较容易接近。

保护区内有3个家族的滇金丝猴，以滇藏公路214线为分界线，可分为两个片区：西片小昌都境内红拉山的一个家族；东片徐中乡的比拉卡、卡拉、那弟贡、玛龙普、重重普等地的两个家族。

滇金丝猴，又称黑抑鼻猴，也因背部黑褐色，腹部白色，于是有人又称之为黑猴或花猴。

　　滇金丝猴虽名为"金丝猴"，实际并无金黄色的毛。身体较川金丝猴稍大，体长0.7~0.8米，尾相对较短，略等于体长，约0.5~0.7米，但比较粗大。滇金丝猴的身体背面、侧面、四肢外侧，手、足和尾均为灰黑色。在其背面并具有灰白色的稀疏长毛，颈侧、腹面、臀部及四肢内侧均为白色。此外，它是地球上最大的猴子，体重可达30多千克。

　　滇金丝猴主要靠吃果子及云杉、桦木等树的嫩芽、幼叶，松罗秋贝母成熟时，它们也挖食贝母、蘑菇。冬季，大雪封山后，它们也转到村边农田或家畜草堆上抓食麦秆。

　　滇金丝猴的生态行为极为特殊，终年生活在冰川雪线附近的高山针叶林中，哪怕是在冰天雪地的冬天，它们也不下到较低海拔地带以逃避极度寒冷和食物短缺等恶劣自然环境因素，对农作物也总是"秋毫无犯"，因而它们是灵长类中最有趣的物种之一。

  滇金丝猴社会是一夫多妻制，猴群没有猴王，各个家庭之间友好相处，又往往保持着互不相犯的默契。每个家庭都有一只强壮的公猴担当保护任务，它往往占据树上的有利位置，时刻保持高度的警觉，准备驱逐来犯之敌。

  在滇金丝猴社会，幼猴是猴群之间联系感情的唯一纽带，它们可以突破猴群之间互不相犯的戒律，聚在一起玩耍。天真的幼猴有时甚至敢拉住大公猴的尾巴荡秋千，大公猴也不会对它发怒。但亚成年猴却不行，它们胆敢雷池半步，就会遭到大公猴的严厉呵斥。

  滇金丝猴大多在原始森林里嬉闹玩耍，其群猴吵闹声往往响彻山林此时如果对坡观望，可见遍山树梢摇动甚为奇观。

  滇金丝猴还具有一张最像人的脸，面孔白里透红，再配上它那当代妇女追求的美丽红唇，它可堪称世间最美的动物之一。

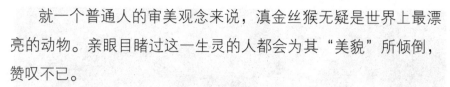

就一个普通人的审美观念来说，滇金丝猴无疑是世界上最漂亮的动物。亲眼目睹过这一生灵的人都会为其"美貌"所倾倒，赞叹不已。

可是迄今为止，有机会见到它的人却寥寥无几，当今世上绝大多数人还想象不出滇金丝猴究竟是一种什么样的动物，甚至科学家们对它的了解也极为有限，这一物种已濒临灭绝。

在动物系统分类上，金丝猴属是现生灵长类中极为引人注目的一个类群。它在系统发育上处于旧大陆猴与猿之间的特殊分类地位。

因此，对金丝猴的研究对于人们认识和了解人类自身的进化历程有着特别重要的意义，因而它具有极高的学术研究价值。

金丝猴属中的4个物种，即滇金丝猴、川金丝猴、黔金丝猴和越南金丝猴，都已被列入世界濒危动物红色名单之中，其中滇金丝猴、黔金丝猴和越南金丝猴都是当今世界最濒危的25种灵长类

物种之一。

这4种金丝猴当中除越南金丝猴仅分布在越南北部外， 其余3种均为我国大陆特有分布种。因此，这3种金丝猴均应视为我国的"国宝"。

但由于一些地区人们滥猎滇金丝猴作为毛皮用，再加上人们不断地采伐森林、毁林开荒以及放牧，严重地破坏了滇金丝猴的栖息环境，从而导致其社群分割，一些小的社群最后也遭到蚕食而绝灭。

从20世纪70年代以后，滇金丝猴保护引起了我国政府的高度重视。20世纪80年代，滇金丝猴保护区的建立，拉开了对这一珍稀濒危动物的保护序幕。

这些行动极大地推动了滇金丝猴的保护，再加上我国科学家前赴后继的科研努力及各种媒体的宣传报道，其全球生物多样性的保护意义得到了世人的认可。

特别值得一提的是，自从滇金丝猴成为1999年昆明世界园艺博览会的吉祥物之后，滇金丝猴的知名度急剧上升。我国政府已经把"金丝猴保护工程"列入其15个野生动植物专项保护工程之一。

由于对滇金丝猴的认识很晚，对当地人的教育迫在眉睫。20世纪80年代以来，芒康县采取了一系列行之有效的保护措施，其中一方面利用影像宣传国家法规和保护野生动物的意义成为重点。另一方面，芒康县对其栖息地的保护以禁止商业伐木为基础，采取迁地保护的办法，解决人与猴子争地的问题。

由于保护措施得到了落实，再加上当地百姓保护意识的提高，即将灭绝的滇金丝猴在芒康得到了有力的保护，滇金丝猴的种群数量有了明显上升。

小知识大视野

有关滇金丝猴的研究可以追溯至一个世纪以前。1871年，一个名叫大卫的法国人根据传闻报道了这种当时尚未科学命名的动物的存在。1890年冬季，两名法国人索利和彼尔特在德钦县境内组织当地猎人捕获了7只年龄性别不同的滇金丝猴，将其头骨和皮张送到巴黎博物馆。法国动物学家米尔恩·爱德华于1897年和1898年两次对这一物种给出了科学描述，并正式予以命名。

阿尔金山——双峰骆驼

　　甘肃省安南坝野骆驼国家级自然保护区位于阿尔金山北麓阿克塞哈萨克族自治县境内，总面积为396 000公顷，属野生动物类型的自然保护区，是我国野骆驼的主要栖息地之一，主要保护对象是野骆驼等野生动物及其栖息环境。

　　保护区地貌以戈壁、荒漠、沙漠等为主，气候属典型的温带干旱气候，干燥是这里气候的主要特征，年均蒸发量是降水量的60多倍，年均蒸发量接近或超过1630毫米，水资源比较缺乏。

　　保护区内主要植被以旱生、超旱生为主，共有高等植物24科

68属116种，其中裸子植物1科1属3种，被子植物23科67属113种。有些区域灌木覆盖率甚至超过30%，这为野骆驼生息繁衍提供了良好的自然环境。

保护区栖息的动物有野双峰驼、蒙古野驴、雪豹、盘羊、岩羊、鹅喉羚等多种珍稀动物。

野双峰驼群落作为第四纪遗留下来的化石动物，在地球上最恶劣的气候条件下艰难生存的珍奇动物，是世界上趋于濒危灭绝的动物之一，属于国家一级保护野生动物。野骆驼的总数已远远低于大熊猫的数量，因此野骆驼已经成为比大熊猫还要稀少的珍稀物种。

在人口稀少的古代，野骆驼的分布范围应相当广泛，整个中

亚到西亚东部的低海拔丘陵及平原区，都可能有野骆驼分布。

从发现的野骆驼骨架和历史记载的分布地点来看，东部可达陕西黄河，西部达里海，北部至贝加尔湖，南至青藏高原北部，这说明历史上野骆驼分布范围较大。

世界上野双峰驼仅分布在4个区域，加上非洲撒哈拉留存的野骆驼，全世界也不足1000峰。其中3个在新疆境内，即罗布泊无人区、阿尔金山北麓地区和塔克拉玛干沙漠；另外一个在中蒙边境外阿尔泰戈壁。4个分布区都处于干旱和极端干旱区，环境十分恶劣。

双峰野驼属大型偶蹄类动物，体形高大，和家养双峰驼十分相似。成年野驼体长约2.3~3.4米，肩高约1.8~2.3米，体重约600~700千克。

但双峰野驼体形俊俏，毛短，背部有圆锥形小而直立的双峰，峰尖毛短，呈淡灰色，峰间距约0.7米左右，前峰高0.25米，后峰高0.2米。

双峰野驼头小，耳短，眼大，有双重眼睑和浓密的长睫毛，还能自动关闭。其上唇中央有裂，吻部毛色稍灰，鼻孔自动闭合，鼻孔内有瓣膜可防沙尘和吸收空气中的水分。其顶鬃毛短，颈部鬃毛短呈棕褐色，颈部毛短呈棕黄色，毛尖呈棕灰色，四肢、臀部毛短呈棕黑色。

双峰野骆驼全身有浓密而柔软的绒毛，毛色多为淡棕黄色，尾较短，长约0.4~0.5米，尾毛为棕黄色，尾尖呈灰色。

双峰野骆驼的四肢细长，与其他有蹄类动物不同，它的第三、四趾特别发达，趾端有蹄甲，中间一节趾骨较大，两趾之间有很大的开叉，是由两根中掌骨所连成的，其中一根管骨在下端分叉成为"丫"字形，并与趾骨连在一起。

它的足趾外面有海绵状胼胝垫，能增大接触地面部分的面积，因而能在松软的流沙中行走而不下陷，还可以防止足趾在夏

季灼热、冬季冰冷的沙地上受伤。

双峰野骆驼的胸部、前膝肘端和后膝的皮肤增厚，形成7块耐磨、隔热、保暖的角质垫，以便它能在沙地上跪卧休息。驼掌生有宽厚而又柔韧的肉垫，胸部和膝部有角质坚韧的肉垫，起、卧时起到支撑身体的作用。它那扁平的四蹄可在山地、沙地和雪地中起稳定作用，行走自如，故有"沙漠之舟"的美称。

双峰野骆驼栖息于海拔1000~3000米的干旱、寒冷、荒漠、半荒漠山区和沙漠中，以红柳、芨芨草、芦苇、骆驼刺、白刺、梭梭、野葱等的枝叶为食，能耐饥渴及冷热，能喝又苦又涩的咸水，吃饱后静卧反刍。

双峰野驼性情温顺，胆小谨慎，适应性强，视觉很好，能辨别各种色彩。而且它机灵敏捷、听觉灵敏，很细微的声音也能听得到，奔跑速度较快而且有持久性，时速可达每小时40~60千米，是很难捕捉和难以接近的动物。

从生态地理特征讲，双峰野骆驼属于亚洲中部极端干旱区域的特有动物，它对极端干旱环境的适应性表现在耐旱和逐代传递信息寻找水源的能力方面。

其栖息地不仅远离人群活动区域，同时是其天敌难以存活的地带，它自卫能力仅靠躲避，远离侵扰。

双峰野骆驼属群居动物，活动时一般以10多峰大小不等的集群为规模。每个种群由一峰成年的母驼带领几峰或10多峰其他母驼和一些未成年幼驼组成。每个种群一般有固定的活动区域，一般觅食范围在20~50千米之内，季节转换时才进行几百千米的长途迁徙。

双峰野骆驼的繁衍是在自然的优胜劣汰中进行的，能够适应严酷的生存环境的个体存活下来，其他的便自然死亡，被无情淘汰。另外，公幼驼一旦到了3岁左右，就会被驱逐出种群，去别的种群或过流浪生活。

双峰野骆驼每年五六月份脱毛一次，脱毛时身体几乎裸露，双峰野骆驼的寿命一般在20~35年左右。

过去曾有人认为驼峰是贮水的器官，但后来的研究表明，驼峰的结构主要是脂肪和结缔组织，隆起时蓄积量可以高达50千克，在饥饿和营养缺乏时它逐渐转化为身体所需的热能。

双峰野骆驼还具有适当变化的体温，在傍晚时升高至40度，在黎明时则降低至34度，从而适应荒漠地带一天中较大的温差。

据说，双峰野骆驼能够预感到风暴的来临，《北史》中就有记载：

且末，即新疆南部的一个县西北流沙数百里，夏日有热风，为行旅之患。风之所至，唯老驼预知之，即嗔而聚立，埋其口鼻于沙中。人每以为候，亦即将毡拥蔽鼻口，其风迅驶，斯须过尽，若不防者，必至危毙。

　　甘肃省阿克塞县安南坝双峰野骆驼自然保护区经常出没的双峰野骆驼共有7群，近200峰，约占我国野骆驼数的1/3。

　　但由于历史上人们占据水草丰美的淡水区域，因而双峰野骆驼只能饮用盐水或劣质水来维持生命。

　　有的水源由于长期受到风蚀等缘故，如今已干涸或趋于干涸，因而双峰野骆驼只能长途跋涉去找水源，途中部分双峰也骆驼因体弱年老而死或遇狼而被害，这是导致种其群数量下降的原因之一。

　　由于保护区气候干燥，再加上寒流和强降温天气的影响，造成植被覆盖率下降，野骆驼的食物出现短缺，这是导致双峰野骆驼种群下降的又一原因。另外，土壤碱化、退化及沙化对野骆驼栖息地环境构成也构成了严重威胁。

　　伴随着社会经济发展，采矿业也逐渐向荒漠中部无人区扩展。在双峰野骆驼分布区铁矿、金矿的开采已深入到荒漠腹地，大量采矿人拥向这里。采矿不仅带来了一系列的环境问题，同时也对双峰野骆驼的活动也带来了巨大的影响。

狩猎是导致双峰野骆驼种群数量迅速下降的另一直接原因。一些武装偷猎者，乘坐卡车和越野车明目张胆地进行猎杀活动，现存的双峰野骆驼为躲避人类而远涉荒漠深处，只能在那些人类极难进入的地方栖息。

作为一个独特的物种，双峰野骆驼已成为地球上比大熊猫更为珍稀的野生动物。

中外科学家们调查发现，全世界的野骆驼只剩下不到1000峰，而且仅存于我国新疆、甘肃及这两个省区与蒙古国交界地带的荒漠戈壁地带极其狭小的"孤岛"地区，野骆驼已成为极度濒危物种。因此，对于野生骆驼的保护已经迫在眉睫了。

为进一步加强保护双峰野骆驼与其栖息环境，国家先后成立了新疆罗布泊、甘肃安南坝两个双峰野骆驼国家级自然保护区。

我国在甘肃省阿克塞县建立了一处融科研、监测、保护为一体的综合性保护监测站，建立了一个系统化、规范化的野骆驼资

源永续保护和开发机制，使双峰驼种群重返昔日生机，成为全人类共同拥有的财富，避免了这一物种从地球上的灭亡。

安南坝野双峰驼保护区经过多年的保护，双峰野骆驼种群数量和生存环境都得到了改善，保护区内野骆驼的储量由原来的70余峰发展到现在的200余峰。

小知识大视野

双峰野骆驼有极强的交配和生殖能力，交配季节是冬末，这时雄驼显得非常暴躁，不吃不喝，嘴吐白沫，发出刺耳的磨牙声，甚至连觉也不睡。雌野骆驼的孕期为13个月，每胎一仔。

3岁以上已发情但未交配过的母驼是公驼的最佳选择对象，在经过艰辛的争夺和漫长的感情培育后，成双成对的双峰野骆驼便可享受甜蜜的"二人"世界，安心培育新的生命。

交配季节结束后，公驼自行离群，独自生活。留下的母驼中有一个成年母驼领头，于是它们自然成群，开始它们安宁的生活，等待来年分娩时刻的到来。初生小驼，当天就能直立行走，两三天之后可又跑又跳。

博格达峰——雪豹

博格达峰国家自然保护区位于新疆维吾尔自治区阜康市境内，天山博格达峰北麓，准噶尔盆地古尔班通古特沙漠的南缘，总面积2170平方千米。

保护区气候主要受西北高空气流的影响，山麓炎热，中、高山区湿润寒冷。从北部的古尔班通古特沙漠南缘的海拔440米，经三工河谷上行至博格达峰的5440米，相对高差达5000米，南北距离80千米的范围内。

保护区有高山冰雪带、高山草甸带、亚高山草甸带、森林

带、草原带、荒漠带、沙漠带诸多气候植被带，是研究荒漠生态系统及濒危动物雪豹等不可多得的理想场所。

保护区内分布有天山山地的各种动物，代表性的兽类有雪豹、棕熊、马鹿、狍、北山羊、野猪、盘羊、狼、狐、猞猁、水獭、石貂、扫雪、艾鼬等；鸟类中有石鸡、斑翅山鹑、暗腹雪鸡、柳莺、金额雀、红额金翅雀、朱雀等。其中国家级保护动物有雪豹、马鹿、猞猁、暗腹雪鸡、北山羊、石貂、盘羊等。

雪豹又名草豹、艾叶豹，是一种美丽而濒危的猫科动物，因终年生活在雪线附近和皮毛雪白而得名。

雪豹体长1.1~1.3米，尾长0.8~0.9米。成年雪豹体重可达80千克，雄豹个体略大于雌豹。雪豹头小而圆，尾粗长，略短或等于体长，尾毛长而柔。

雪豹眼虹膜呈黄绿色，强光照射下，瞳孔为圆状。其舌面长有许多端部为角质化的倒刺，舌尖和舌缘的刺形成许多肉状小

突。其前足5趾、后4趾，前足比后足宽大，趾端具角质化硬爪、略弯，尖端锋利，趾间、掌垫与趾间均具有较浓而长的粗毛。雪豹前掌比较发达，因为其是一种崖生性动物，前肢主要用于攀爬。雪豹的足垫和垫间的丛毛可以在冰雪地上防滑抗冻，当夏季高温酷暑、阳光辐射在岩石上时又可以用来隔热和抵挡灼烫。

雪豹周身长着细软厚密的白毛，上面分布着许多不规则的黑色圆环，外形似虎，尾巴甚至比身子还长。

雪豹一般栖居在空旷多岩石的地方，经常在永久冰雪高山裸岩及寒漠带的环境中活动。它全身的长毛之下又有着浓密的底绒，因而它能够抵御严凛的风寒。

雪豹平时独栖，仅在发情期前后才成对居住。雪豹一般有固定的巢穴，设在岩石洞中、乱石凹处、石缝里或岩石下面的灌木丛中，大多在阳坡上，往往好几年都不离开一个巢穴，窝内常常有很多雪豹脱落的体毛。

雪豹昼伏夜出，每日清晨及黄昏时捕食。食物主要以山羊、岩羊、斑羚、鹿或旱獭为主，兼食黄鼠、野兔等小型动物。雪豹常在黄昏时刻随岩羊群活动，常以突然袭击的方式捕食岩羊，咬其喉部使之死亡。

雪豹勇猛异常，善于在山岩上跳跃。它们把身体蜷缩起来隐藏在岩石之间，当猎物路过时，它们突然跃起来袭击。

雪豹巡猎时也以灌丛或石岩作为临时的休息场所，由于其毛色和花纹同周围环境特别协调，能够形成良好的隐蔽色彩，因而它们很难被发现。

雪豹猎食出去很远，常按一定的路线绕行于一个地区，需要许多天才能沿原路返回。雪豹具有夜行性，白天很少出来，或者躺在高山裸岩上晒太阳，在黄昏或黎明时候最为活跃。雪豹上下

山有一定路线，多走山脊和溪谷。

雪豹不愿行走于灌丛杂林，也不喜走旷阔的山坡和松软的雪层，经常沿着踩出的小径行走。

雪豹感官敏锐，性机警，行动敏捷，善攀爬、跳跃。由于其粗大的尾巴作为掌握方向的"舵"，它在跃起时可在空中转弯，因此它的捕食能力很强。

由于雪豹的活动路线较为固定，所以容易被捕获。人类不断地捕杀雪豹，使雪豹的数量急剧下降。

人类的活动给这种大型猫科动物带来了巨大的生存压力，没有人确切知道野外现存多少只雪豹，估计其种群数量仅有几千只。孤寂的雪豹已被列入国际濒危野生动物红皮书。

20世纪80年代，我国政府颁布的《国家重点保护野生动物名录》将雪豹定为国家一级保护对象。国家近年相继在有雪豹分布

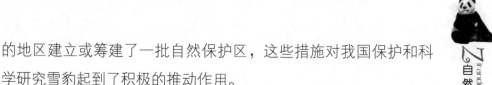
的地区建立或筹建了一批自然保护区，这些措施对我国保护和科学研究雪豹起到了积极的推动作用。

博格达峰自然保护区在自治区、州市各级政府和林业主管部门的领导和支持下，根据《森林法》《野生动物保护法》《环境保护法》和《自然保护区管理条例》等法律法规，逐步健全和完善了管理机构，制订了一系列管理规章制度和保护措施。保护区加大了宣传和执法力度，使保护区保护管理工作走上了法制化、规范化管理的轨道。对于保护天山北坡经济带核心区域经济、社会可持续发展，改善区域生态环境具有重要的意义。

小知识大视野

在开展一系列保护行动的同时，一些关于雪豹的考察和研究工作也在开展。

"新疆雪豹研究"是我国一次较为重要的雪豹研究活动，由新疆自然保育基金启动，得到了国际雪豹基金会和世界自然基金会的资助。考察小组由中国、吉尔吉斯斯坦、印度、巴基斯坦、美国和英国等的专家共同参与，持续了半年时间。

考察小组曾两次深入到新疆阿勒泰山、东天山等山区展开雪豹调查，通过对雪豹的各种痕迹进行分析来评估雪豹当前存在的数量及面临的威胁。考察内容包括应用红外线自动相机开展野外动物拍摄，记录雪豹活动规律、个体特征、数量以及对雪豹食物资源的调查。一些新的雪豹栖息地被陆续发现，这使得人类对雪豹的了解进一步加深，也为我们更好地开展对雪豹的保护工作提供了方向。

升金湖——白头鹤

升金湖国家级自然保护区位于长江南岸，贵池市与东至县境的交界处，保护区面积约3400公顷，主要保护对象为白头鹤等越冬珍禽及湿地生态系统。

升金湖，因湖中日产鱼货价值"升金"而得名，曾称生金湖，也称深泥湖。升金湖位于东至、贵池境内，东南群山环抱，西傍丘陵岗地，北滨江淮洲圩，湖水清澈如镜，沿湖烟树迷蒙，一派江南水乡的好风光。

升金湖是长江中下游极少受到污染的浅水湖泊，水质优良，水体稳定。

以升金湖为主体，由升金湖及周围的滩地组成的升金湖国家级自然保护区内水生生物资源极其丰富，生物种类繁多，有水生维管束植物38科84种、浮游植物22种。其中浮游动物13种，底栖动物23种，爬行类21种，鱼类62种。

丰富的生物资源为鸟类提供了充足的饵料，使保护区成为我国东部大型水禽重要的越冬地和迁徙停歇地。

保护区有鸟类142种，其中水禽84种，内含越冬水禽66种。属国家重点保护的野生动物22种，其中属一级保护的6种：白鹳、黑鹳、白头鹤、白鹤、大鸨、白肩雕；属二级保护的野生动物16种：穿山甲、豹猫、白琵鹭、黄嘴白鹭、小天鹅、白额雁、白枕鹤、灰鹤、白尾鹞、红隼、鸢、乌雕、胭脂鱼、虎纹蛙等。

该保护区是世界上白头鹤、白鹳的最大种群的越冬地之一。

有的年份白头鹤越冬数量超过500只，占我国总数的1/3；部分年份白鹳在此越冬数量超过450只，占我国总数的1/4。

白头鹤也称锅鹤、玄鹤、修女鹤，是常见的一种鹤，是我国一类保护动物。它体型娇小，性情温雅，机警胆小，不易驯养。白头鹤高一米左右，体重约3500克，体长约0.9米。它除了额和两眼前方有较密集的黑色刚毛，从头至颈是雪白的柔毛外，其余部分体羽都是石板灰色。白头鹤栖息于河口、湖泊及沼泽湿地。

每年4月份白头鹤开始繁殖，筑巢于沼泽湿地。白头鹤每窝产卵两枚，孵卵期约30天，幼鹤80天后具有飞翔能力。

白头鹤在繁殖地吃大量的山酸果蔓，特别是沼泽中的一种植物越橘。白头鹤夏天还吃昆虫、蛙和鲵，但主食物仍为植物性食物。白头鹤在越冬地主要吃稻、小麦、大麦等谷物，也吃软体动物和昆虫。白头鹤有时与灰鹤在同一地区营巢，又共同迁徙。

白头鹤又叫修女鹤，是鹤类家族中行踪隐秘的成员。特别是繁殖期，有很多鲜为人知的故事。白头鹤4~5岁达到成熟，一旦组成家庭，夫妻关系十分稳定。一般夫妻年龄略有差异，雄性大于雌性一岁以上，而且它们几乎终年形影不离。每年4月初，它们都会带着上一年的幼鸟，从越冬地迁回到北方老家的森林湿地。

　　白头鹤最倾注精力的是，它们要用31天左右的时间来孵化两枚蛋宝宝。一般是夫妻轮流孵卵，只是雌鸟更积极一些。无论是低温风雪、大雨倾盆，还烈日当空，它们都始终尽职尽责地呵护着它们的未来。在孵卵过程中，白头鹤有许多相互关爱的场面。每当换孵时它们先是悄悄细语，巢上的值班鹤缓缓走下，并不断地从身边拾取枯枝草叶添加到巢上，以示责任尚在、配偶并不孤独。换岗者轻轻上巢，时而理羽，时而拨卵，显得轻松自在和信心十足。因此，人们把白头鹤誉为"爱情鸟"，就连赠送友人

的结婚纪念品都要印上"以鹤为媒 白头偕老"。

白头鹤具有良好的卫生习惯。它们每天要用大量时间梳理羽毛，确保"衣冠整齐"。它们在孵卵时，常常修补和整理爱巢。

它们从不在巢周围排便，孵卵的成鸟即使再着急，也总是到同一固定地点，那就是巢的水流下游约5~8米处的塔头间排便。所以白头鹤的巢，没有任何异味，也十分整洁。

白头鹤在采食过程中很有"君子风度"，从不暴饮暴食。无论食物多寡，它们总是一粒一粒地拣、一口一口地吃。人们常用鹤来象征长寿，用鹤来比喻高雅，这是不无道理的。

升金湖自然保护区内气候温和，无霜期长，环境污染小。湖里有鱼类66种，软体动物18种，水、湿生植物62种，大量越冬候鸟排出的粪便补充了湖区的肥力，使植物生长更为繁茂，又促进了鱼类及软体动物的生长，湿地生态系统呈现良性循环。

每年入冬后，升金湖上水浅滩出，成千上万只候鸟时而互相追逐，时而高空翻飞，时而湖中踏水，场面蔚为壮观。

据不完全统计，每年入冬后有近10万多只候鸟飞抵升金湖栖息越冬，升金湖也成了名副其实的候鸟的天堂。

升金湖曾被列为国家重点水禽自然保护区，又被编入《亚洲重要湿地名录》，受到亚洲湿地局和世界湿地水禽调查局等国际保护管理机构的关注。

为了加强白头鹤的保护，有关部门把繁殖地、迁徙途经地和越冬地的沼泽湖滩，把水利、农业、渔业和自然保护各项工作协调起来，进行统一管理。

在相关季节，严禁人们在白头鹤栖息地放牧、狩猎、捕鱼、割苇，以减少人类活动的干扰。在稻田越冬地要求保持稻田积水的深度，调控稻田积水，及时排除洪涝，严禁施放烈性农药污染土壤和白头鹤的食物。

为了切实保护好升金湖这块"宝地"，保护区不断加大对区域的生态保护，积极宣传有关法律法规，使得这里的生态环境逐步改善，环湖人们的环境保护意识也不断增强。

小知识大视野

白头鹤在广阔的生满苔藓的沼泽地营巢，在4月下旬到5月上旬产卵，6月初孵化。其寻求配偶的仪式为婚舞与对唱。雄鹤叫声为两声一度，雌鹤为一长一短。在对唱时张开三级飞羽，头颈反复伸长。这种鹤每巢产两枚卵。孵化主要由雌鹤担任，雄鹤只在早晚替雌鹤孵40分钟至1小时。5月下旬小鹤相续孵出，孵出3天后雏鹤可离巢活动。

安徽宣城——扬子鳄

安徽扬子鳄自然保护区1982年建立，1988年批准为国家级自然保护区，总面积43 000余公顷。保护区位于安徽省广德、宣州、南陵、郎溪、泾县5个县市，是我国最大的扬子鳄保护基地。

扬子鳄因生长于我国长江中下游而得名，是世界濒危物种，与举世闻名的大熊猫一样，扬子鳄被视为"国宝"。

保护区为皖南山区向长江沿岸平原的过渡区，区内多河漫

滩，湖沼、丘陵山涧的滩地，山塘和堤坝。

区内气候温和，年平均温度18度，四季分明，春天气温多变，秋天十分凉爽，雨量充沛，年降雨量为1000毫米左右。

这里的水阳江、青弋江两条河流周围有百余条支流，沟、塘、渠、坝星罗棋布，海拔300米以下的沟、塘、山洼、水库和沼泽地是扬子鳄生存栖息的理想场所。

扬子鳄是我国特有的爬行动物，世世代代生活于我国的长江流域各地，有着比人类更为久远的古老历史，早在甲骨文中就有有关鼍的记载。

春秋时代的诗歌总集《诗经》的《大雅·灵台》中，也有"鼍鼓蓬蓬"的诗句。意思是说，鼍叫起来像敲鼓一样发出"砰、砰"的声响。

东汉许慎的《说文解字》，西晋张华的《博物志》，明朝李

时珍的《本草纲目》等典籍中，都有关于扬子鳄的记载。

因为扬子鳄的外形非常像中国传说中的动物"龙"，所以俗称"土龙"或"猪婆龙"。

扬子鳄是一种现存鳄类中体型很小、行动最迟钝、性情最温驯的鳄类。它与美国的密西西比鳄是近亲，它们的近祖所处年代可追溯至距今8000万年前的白垩纪，远祖所处年代则可追溯至两亿年前的三叠纪。

扬子鳄是一种古老的爬行动物，属于恐龙家族的近亲，大约在两亿年以前就在地球上生存，现存数量稀少，几乎濒临灭绝。

在古老的中生代，它和恐龙一样，曾经称霸地球，后来，随着环境的变化，恐龙等许多爬行动物绝灭了，而扬子鳄和其他一些爬行动物却一直繁衍生存至今天。

扬子鳄的故乡在我国的长江流域。它的祖先曾经是陆生动

物，后来，随着生存环境的变化，迫使扬子鳄学会了在水中生活的本领，所以，它具有水陆两栖动物的特点和广阔的活动天地。

距今六七千年前，浙江余姚河姆渡一带曾有扬子鳄分布。直至唐代，江南诸省如浙江、江西、湖南、江苏以及安徽、湖北部分地区都有扬子鳄，当时不但分布广，而且数量也比较多。

扬子鳄与同属的密西西比鳄相似，但是体型要小许多。成年扬子鳄体长很少超过2.1米，一般只有1.5米长，体重约为37千克。

鳄鱼是脊椎类动物，属脊椎类中的爬虫类。淡水鳄生活在江河湖沼之中，咸水鳄主要集中在温湿的海滨。

它们的头部相对较大，鳞片上具有更多颗粒状和带状纹路，眼睛呈土黄色。扬子鳄全身长满角质鳞片，长长的尾巴呈侧扁形，四肢短，前肢5趾，后肢4趾，趾间有蹼。

扬子鳄的背部呈暗褐色，腹部呈灰白色。其尾长而有力，在水中既能推动身体前进，又是自卫和攻击的武器。

扬子鳄为亚热带变温动物，穴居，每年10月下旬至次年4月初，它潜伏穴中冬眠，不食不动。在活动季节的阴雨天也伏洞中，晴天则喜出来晒太阳，以提高体温。

扬子鳄在巡猎时，仅露出位于吻部尖端的鼻子和高过头顶的眼睛，藏起布满角质鳞盔甲的身躯，无声无息迅速地接近猎物，然后猛地向前一冲，张开腭裂极深的大嘴，咬住猎物。

扬子鳄长而有力的尾巴还可以挥出水面，出其不意地袭击岸边的牲畜。

扬子鳄为食肉动物，喜食螺、蚌、鱼、蛙、鼠、鸟之类的小型动物。它的消化力强，耐饥力也很强，可半年不进食。

扬子鳄只有在繁殖期才聚集在一起，在非繁殖期则分居。雄

鳄发情时会发出叫声，雌鳄也随之以叫声相应，具有一呼一应的特点。雌鳄在7月上旬便开始搭窝，7月中下旬产卵，卵的大小似鸭蛋，一次产卵约30枚。

9月中下旬，幼鳄孵出后，便由雌鳄带领觅食。幼鳄难以在一个月内觅得足够的食物，因此，幼鳄的成活率很低。

扬子鳄喜在丘陵溪壑和湖河的浅滩上挖洞筑穴，不过这种爬行动物却离不开水。

它在陆地上动作笨拙迟缓，一旦到水里，却如鱼得水。而这种水陆两栖的特点，导致了扬子鳄的悲惨命运。

扬子鳄筑穴的浅滩多被开垦为农田，丘陵植被被大量破坏，丘陵地带的蓄水能力大大降低，干旱和水涝频繁发生，这使得扬子鳄不得不离开其洞穴，四处寻找适宜的栖息地。这种迁移过程又为扬子鳄的自然死亡和人为捕杀扬子鳄创造了机会。

扬子鳄多年来遭到大量的捕杀，洞穴被人为破坏，蛋被捣坏

或被掏走。而化肥农药的使用也大大减少了扬子鳄的主要食物水生动物的数量。目前扬子鳄的分布范围缩减到江西、安徽和浙江三省交界的狭小地区。

为拯救这一物种，在安徽宣城建立了扬子鳄自然保护区和繁殖研究中心，专门进行野外保护和人工养殖。经过10多年的努力，人工繁殖扬子鳄已经获得成功。

从1982年第一批鳄蛋孵化成功至今，人工孵化的扬子鳄大概在15 000条左右。目前生活在安徽扬子鳄保护区内的就有10 000多条。这使扬子鳄的种群得到较大幅度的增长，初步解除了该种濒临灭绝的危险。

"我国扬子鳄村"是在原有长兴扬子鳄保护区的基础上扩建的，不仅包含了扬子鳄自然繁育研究中心，而且野外适宜扬子鳄生活栖息的丘陵地、山坳、河流、温滩等地也都划为保护区范围。

现在，扬子鳄村繁殖中心已有老中少三代扬子鳄4000多条，古老的物种如今又喜获新生，人类又从毁灭的边缘夺回了一个宝贵的物种资源。

第二次世界自然保护大会采纳了我国保护扬子鳄的决议，并启动了世界支持计划，协助阻止野生扬子鳄的灭绝。保护条款包括建立保护剩余野生种群的激励机制和将捕获饲养的扬子鳄重新放回到合适的保护区内。

 **小知识大视野**

2011年12月4日，在广德卢村乡高庙村的河道涵洞处发现了一条较大的成年扬子鳄，几个村民合理地将其"擒获"。

接警后，广德县森林公安分局迅速出警。经实测，该扬子鳄重约30千克，长1.83米，背部呈暗褐色，皮肤上覆盖着大的角质鳞片。

考虑到扬子鳄已经进入冬眠期，现在野外放生不易存活，森林公安在当地村民的配合下，将该扬子鳄交由宣城扬子鳄保护中心进行越冬保护救助，计划次年气温回暖后再将该扬子鳄放回原地。据悉，该处属于卢湖水域，曾多次发现过扬子鳄，只是这次发现的是最大的一只。

 盐城海滩——丹顶鹤

　　盐城国家级珍禽自然保护区位于江苏省盐城市的射阳、大丰、滨海、响水、东台五县市的沿海地区。海岸线长580千米，面积45万公顷，是我国最大的沿海滩涂湿地类型的自然保护区，是禽类生活的理想场所，主要保护动物有国家一级珍禽丹顶鹤等。

　　历史上古黄河和长江都曾在保护区南北两端入海，长江和黄河携带大量泥沙沉积而形成了废黄河三角洲。

　　保护区北端海岸常受侵蚀，中南部淤积长，全区每年淤积成陆900公顷。保护区的滩涂北窄南宽，呈带状分布，宽处可达15

千米。保护区为里下河主要集水区，有10多条河流流经保护区入海。如灌河、中山河、扁担港、射阳河、黄沙港、新洋港、斗龙港、王港、竹港、川东港、梁垛河、新港等。

这里夏季多雨，上游河水下泄后，多形成滩涂涝灾，冬季多干旱。遇干旱年份，潮位较低，滩涂多因缺水而发育极其良好。

保护区属暖温带与北亚热带过渡地带，气候温和，雨量充沛，四季分明。区内芦苇茂密，绿草如茵，整个保护区像一块绿色的毛毯漂浮在黄海边上，特别适宜鸟类栖息、生长和繁殖，被世界生态学家誉为禽鸟的"王国"，

保护区动物种类繁多，区内有鸟类379种，两栖爬行类45种，鱼类281种，哺乳类47种。其中属于国家一级保护的有丹顶鹤、白头鹤、白鹤、白鹳、黑鹳、中华秋沙鸭、遗鸥、大鸨、白肩雕、金雕、白尾海雕、白鲟等共12种；属于国家二级保护动物的有獐、黑脸琵鹭、大天鹅、白琵鹭、黑脸琵鹭、小青脚鹬、鸳

鸢、灰鹤、鹊鹞、斑海豹等。此外，这里也是国际濒危物种黑嘴鸥的重要繁殖地。保护区内还分布着众多的国家二级保护动物河鹿，数量之多为我国之最，堪称鸟类的王国。

这里是全世界最大的丹顶鹤越冬地，每年金秋10月，一群群丹顶鹤便从黑龙江省齐齐哈尔市扎龙自然保护区成群结队飞到这里越冬，最多时有800多只，最少年份也有300多只。于是这里成了世界上最大的野生丹顶鹤群集结地。

丹顶鹤是鹤类中的一种，因头顶有"红肉冠"而得名。

丹顶鹤是东亚地区特有的鸟种，因体态优雅、颜色分明。丹顶鹤身长约1.2~1.5米，翅膀打开约两米。丹顶鹤具备鹤类的特征，即嘴长、颈长、腿长。丹顶鹤的嘴为橄榄绿色。其成鸟除颈部和飞羽后端为黑色外，全身洁白，头顶皮肤裸露，呈鲜红色，长而弯曲的黑色飞羽呈弓状，覆盖在白色尾羽上。

丹顶鹤一般从外形是不易区别雌雄的，而丹顶鹤鸣声的音调和频率会因性别、年龄、行为、环境条件的不同而有很大的差

异。雄鸟鸣声洪亮，鸣叫时嘴直向天空，并高举翅膀。繁殖期的雄鸟在与雌鸟对鸣时，头部朝天，双翅频频振动，在一个节拍里发出一个高昂悠长的单音；雌鸟的头部也抬向天空，但不振翅，在一个节拍里发出两三个短促尖细的复音。这种"二重唱"不仅是对爱情的表白，也是对企图入侵者的警告，而且还能促使雄鸟和雌鸟性行为的同步，保证繁殖的成功。

丹顶鹤雏鸟的鸣叫声主要有索取食物、保持联系和出于某种生理需要等。丹顶鹤的鸣声非常嘹亮，是作为明确领地的信号也是发情期交流的重要方式。

丹顶鹤具有吉祥、忠贞、长寿的寓意。丹顶鹤是单配鸟类，当一对丹顶鹤夫妻中，有一只不幸死去，另一只会独居一生直至老死，不会再娶再嫁，所以自古人们就把丹顶鹤作为对爱情忠贞不渝的象征。

　　丹顶鹤的栖息地主要是沼泽和沼泽化的草甸。食物主要是浅水的鱼虾、软体动物和某些植物根茎。丹顶鹤也栖息在湖泊河流边的浅水中，芦苇荡的沼泽地区，或水草繁茂的有水湿地，以利于隐蔽。

　　为加速丹顶鹤的人工繁殖和驯化，保护区建立了鹤类驯养繁殖中心。江苏沿海生态自然博物馆收集有各种鸟类、兽类的标本。特禽养殖场等均已具备了相当的规模。保护区内的特禽养殖场已取得了丹顶鹤等人工孵化及越冬半散养的经验，因而现在任何时候到保护区，都可以看到这类珍禽。

　　保护区建立以来，取得了很大的成就，同时也付出巨大的代价。建区初期，为防运输途中列车的震动破坏蛋内胚胎，工作人员硬是用手捧着塞满棉絮的纸箱经过了几天几夜的颠簸，从黑龙江运回正在孵化的两枚丹顶鹤卵。保护区从最初的两只丹顶鹤开始，繁殖至今天已有了150多只丹顶鹤。

一位名叫徐秀娟的幼鹤保育员为搭救一只受伤掉进河里的丹顶鹤献出了年仅20岁的生命。为纪念这位长眠在保护区、为保护区的发展和建设做出贡献的姑娘，盐城市内的望海大酒店门前矗立着一座雪白的徐秀娟雕像。同时盐阜大地广泛流传着一首歌曲《丹顶鹤的故事》，传颂着她的感人事迹。

近年来，国家有关部门组织进一步查清丹顶鹤在长江下游的越冬地和数量分布以及环境质量，在盐城沿海滩涂实施了加强控制开发强度及工业污染等措施，因而，丹顶鹤等禽类的栖息环境将得到进一步的改善，数量将会进一步增加。

小知识大视野

丹顶鹤在我国历史上被公认为是一等的文禽，清朝文职一品胸前绣制的图案即是鹤。其实，传说中的仙鹤，就是丹顶鹤，它是生活在沼泽或浅水地带的一种大型涉禽，常被人冠以"湿地之神"的美称。它与生长在高山丘陵中的松树毫无缘分。但是由于丹顶鹤寿命长达五六十年，人们常把它和松树绘在一起，作为长寿的象征。

殷商时代的墓葬中，就有鹤的形象出现在雕塑中。春秋战国时期的青铜器钟，鹤体造型的礼器就已出现。道教中丹顶鹤飘逸的形象已成为长寿、成仙的象征。在我国古代的传说中，仙鹤都是作为仙人的坐骑而出现的，可见仙鹤在中国人心中是相当有分量的。

东台岸滩——中华鲟

　　东台中华鲟自然保护区位于江苏东台市，保护区面积1万多公顷，其中核心区1440万公顷，岸滩养殖基地50公顷，保护地1万多公顷。这里滩青水秀，环境优美，气候温和，资源丰饶，主要保护对象为国家一级保护动物中华鲟。

　　这一海域水流缓平，食物丰富，尤其是滩面的沙蚕、泥螺以及水中的鱼虾成为鲟鱼食之不厌的时鲜活食。

　　这里又是长江水、黄河水和太平洋海水的交汇活水区，海底近百个大小沙洲绵延相连，数百条宽窄不一、深浅各异的槽沟呈

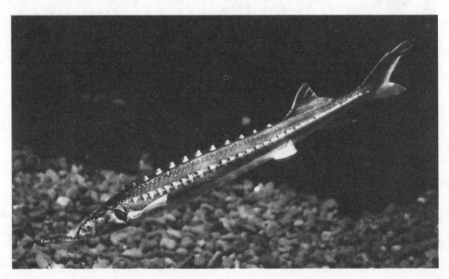

扇形直通大洋深处，成为中华鲟进出大海的通道。

中华鲟自然保护区有着独特的自然景观，也有着顶级的生态系统，科学界首次在这里发现的蜻蜓新品种，证明了保护区是典型的生境。区内还有顶级生态系统的指示生物水母，有地球之肺的滩涂，有迷人的沙滩、奇沙、蓝天、白云等，它们以各自的娇媚，镶嵌在黄海海区，为中华鲟保护区增添了无限风光。

保护区现有野生动物701种，其中无脊椎动物220种，脊椎动物481种。远古以来，中华鲟作为我国特有物种，一到春夏季节，野生中华鲟都会结伴来此水域栖息育肥。

中华鲟是一种大型的溯河洄游性鱼类，是我国特有的古老珍稀鱼类，是世界现存鱼类中最原始的种类之一，被誉为"水中的大熊猫"和"长江鱼王"。

远在公元前1000多年的周代，我国就把中华鲟称为王鲔鱼。

中华鲟又称鳇鱼，体长可达5米，体重500多千克，为世界27

种鲟属鱼类之首。它身体呈纺锤形，头尖吻长，口前有4条吻须，口位在腹面，有伸缩性，并能伸成筒状，体被覆5行纵行排列骨板，背面一行，体侧和腹侧各两行，每行有棘状突起。中华鲟介于软骨与硬骨之间，骨骼的骨化程度普遍地减退，中轴为未骨化的弹性脊索，无椎体，随颅的软骨壳大部分不骨化。

中华鲟的尾鳍为歪尾型，偶鳍具宽阔基部，背鳍与臀鳍相对。腹鳍位于背鳍前方，鳍及尾鳍的基部具棘状鳞。

中华鲟食性非常狭窄，属肉食性鱼类。在江中主要以一些小型的或行动迟缓的底栖动物为食，在海洋主要以鱼类为食，甲壳类次之，软体动物较少。河口区的中华鲟幼鱼主要吞食底栖鱼类蛇鲵属和蛹属及虾和蚬类等。

中华鲟属海栖洄游性大型鱼类，每年9月至11 月间，由海口溯长江而上，到金沙江至屏山一带进行繁殖。孵出的幼仔在江中生长一段时间后，再回到长江口育肥。

　　每年秋季，当中华鲟溯江生殖洄游时，在各江段都可捕到较大数量的中华鲟，故它有"长江鱼王"之称。

　　中华鲟产卵量很大，一条母鲟一次可产百万粒鱼子，只是鱼子的成活率不高，最后成鱼的仍为少数。因为长江水流较急，中华鲟在动荡的水浪中进行受精，自然受精不完全，这就淘汰了一批鱼卵。

　　受精卵在孵化过程中，或遇上食肉鱼类和其他敌害，又要损失一大批。孵成了小鱼，还会有一定的损失。如此一来，母鲟下的鱼子虽多，但能"长大成鱼"而传宗接代的鱼却不多。

　　因为中华鲟特别名贵，外国人也希望将它移居到自己的江河内繁衍后代，但中华鲟总是恋着自己的故乡，即使有些被移居海外，也要千里寻根，洄游到故乡的江河里生儿育女。

　　在洄游途中，它们表现出了惊人的耐饥、耐劳、识途和辨别方向的能力，所以人们给它冠以闪光的"中华"两字。

　　中华鲟是地球上最古老的脊椎动物，和恐龙生活在同一时期。中华鲟在分类上占有极其重要地位，是研究鱼类演化的重要参照物，在研究生物进化、地质、地貌、海侵、海退等地球变迁等方面

均具有重要的科学价值和难以估量的生态、社会及经济价值。据统计，长江上游每年可产中华鲟两三万千克。但近年来由于捕捞过多，加之繁殖率低、成熟期长，其种群数量已日趋减少。为使中华鲟免遭灭顶之灾，有关部门已把中华鲟列为保护对象。

自长江葛洲坝截流以后，保护区与农业部门一起共同采取了一系列措施对中华鲟进行保护。

实行全江禁捕和限制科研用鱼，将中华鲟的管理纳入法制轨道。国家先后投资支持湖北省、四川省在长江沿岸建立渔政站，并帮助渔民转产转业。

《野生动物保护法》出台后，中华鲟被列入国家一级保护名录。因为严格执行了全江禁捕，所以保护了母鲟和幼鲟洄游，最大限度地保存了产卵种群。长江水产研究所、湖北省水产局、宜昌市水产研究所等单位组成的中华鲟人工繁殖协作组开展了中华鲟科研，进行人工增殖放流活动，取得了葛洲坝下中华鲟人工孵

化的成功，此后不久便开始向长江增殖放流中华鲟苗和幼苗。

此外，各保护单位还开展了广泛的宣传和教育活动，集中全社会力量来保护中华鲟。在沿江各级人民政府及其渔业行政主管部门以及广大人民群众的共同努力下，全社会保护中华鲟的意识日益提高，沿江渔民误捕中华鲟后均能积极自觉放生，发现不法分子偷捕能举报，市场上经营中华鲟的行为已绝迹。

近年来的研究表明，由于对中华鲟采取了全面保护的措施，从而延缓了中华鲟资源衰退的进程，基本保全了溯河产卵亲体，为中华鲟的自然繁殖、研究和增殖放流打下了基础。中华鲟物种数量已开始回升，这使得中华鲟这一珍稀物种得以长期生存繁衍下去。

小知识大视野

中华鲟的化石最早发现于中生代三叠纪的地层，很多种类在地球演变的长河中灭绝了，只有极少数残存至今，而且主要分布在北半球的北部。

目前全世界已为人们认识的中华鲟化石共有25种，其中我国分布的有8种。在我国的辽宁和河北也曾于晚侏罗纪到白垩纪地层中发现过它们的化石。由于我国地域辽阔，生态环境丰富多彩，鲟形目鱼类的种类和数量都比较丰富，分布范围广泛，北至黑龙江、额尔齐斯河，南至珠江以及我国沿海大部分近岸海区都曾有过它们的分布记录，只是随着纬度的降低，其种类和数量都略有减少。

铜陵夹江——淡水豚

　　铜陵淡水豚自然保护区保护区位于安徽省铜陵、枞阳和无为县的长江江段的夹江上。夹江水色秀丽，水道曲折迂回，风景宜人，是白鳍豚和长江江豚的理想栖息地。

　　该保护区的主要保护对象是白鳍豚、江豚、中华鲟、达氏鲟、白鲟和胭脂鱼等。

　　根据古生物学家们通过化石考证，白鳍豚在第三纪中新世及上新世就已经出现在长江流域。化石记录着原白鳍豚在大约2000

多万年前的古老性状，与现今的白鳍豚相比变化不大。

白鳍豚依然保留着不少原白鳍豚的骨骼位置。白鳍豚之所以进化缓慢，可能是因为过去的生存竞争或环境变化较少的缘故，从而保留了祖先的古老形状，因此被称为"活化石"。

白鳍豚，也称"淡水海豚"，鳍豚科，属我国一级保护的野生哺乳动物。其成年体长约2.5米，有齿约130枚，体背面淡蓝色，腹部白色，显得楚楚动人，十分可爱。

白鳍豚的体形呈纺锤形，身长约2~2.5米左右，体重可达200千克以上。嘴部又长又细，背呈浅灰色或蓝色，腹面为纯白色，背鳍形如一个小三角，胸鳍宛如两只手掌，尾鳍扁平，中间分叉，善于游水，时速可达80千米左右。

成年白鳍豚一般背面呈浅青灰色，腹面呈洁白色。当由水面上向下看时，背部的青灰色和江水混为一体。当由水面下向上看时，白色的腹部和水面反射的强光颜色相近。这种使其他动物难

以辨认的体色称为反隐蔽保护色，使得白鳍豚在接近敌害或猎物时能够不被察觉。

白鳍豚皮肤光滑细腻，富有一种特殊的弹性，原理与竞赛式游泳衣着中使用具有弹性的尼龙织料相同，能够减少在水中快速游动时身躯周围产生的湍流。

它的尾鳍扁平地分为两叉，两边的胸鳍呈扁平的手掌状，背鳍呈三角形。这鳍给白鳍豚提供了优良的水中游动时方向与平衡的控制力，再加上光滑高弹性的皮肤与流线型的身躯，白鳍豚在逃避危险的情况下可达很高的游速。

由于长期生活在浑浊的江水中，白鳍豚的视听器官已经退化。它眼小如笔尖，耳孔似针眼，位于双眼后下方。但声呐系统极为灵敏，头部还有一种超声波功能，能将江面上几万米范围内的声响迅速传入脑中。一旦遇上紧急情况，它便会立刻潜水躲避。

　　白鳍豚在水中主要以发射声呐接收信号来识别物体。白鳍豚的上呼吸道有着3对独特的气囊与一个形似鹅头的喉咙，但是因为它生存于水中靠水发音，所以并没有陆地动物在空气中发音所需要的声带。

　　用特制的水听器，可以听到白鳍豚发出的"的答""嘎嘎"等数十种不同的声音。

　　白鳍豚发出的声音常为两声一对，发出声音后会安静地等待着回声，从而辨出自己与产生回声的阻碍的距离和大小，并且考虑是否游向目标。它又会在收到回声后的不久发出新的一对声音，稍候又安静一阵等待回声。

　　第二次回声收到后，它便可以分析出目标游动的方向与速度，白鳍豚就是这样如人造声呐般地做回声定位。用这独特的声呐系统，它时常还可以在江底的淤泥中捕捉食物，也可以发出人耳听不见的高频率音波，与10多千米外的同伴取得联系。

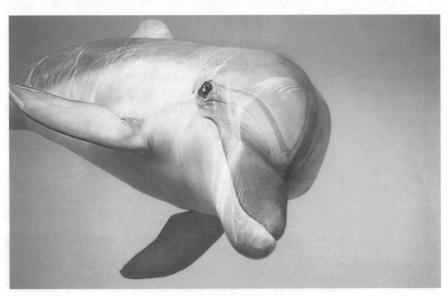

白鳍豚喜欢群居，尤其在春天的交配季节，集群行为就更为明显。每群一般2头至16头。其活动范围广，但对水温条件要求较高，经常在一个固定区域停留一段时间，待水温条件发生改变后，又迁入另一地域。

白鳍豚喜欢生活在江河的深水区，很少靠近岸边和船只，但它时常游弋至浅水区，追逐鱼虾充饥。

它的吻宽细长，上下颌长有130多枚圆锥形的同型齿，可它却懒得咀嚼，只管张口吞下鱼食，因为它的消化能力很强。白鳍豚往往成对或三五成群地一起活动，但人们很少有机会看到它，只有在它露出水面呼吸时才能瞥见一眼。

但白鳍豚生性胆小，很容易受到惊吓，一般都远离船只，因此人类很难接近它，加之其种群数量很少，活动区域广阔，所以在野生状态下对白鳍豚的研究十分有限。

白鳍豚的生存年代已有2000多万年的历史，远比国宝大熊猫

还要古老和珍稀，故而它有"水中大熊猫"之称。

近些年来，长江渔业资源不断减少，航运业飞速发展，大型水利工程不断兴建，工业污染日趋严重，白鳍豚的生态环境日益恶化，造成了白鳍豚数量的锐减，近年来其种群数量下降极快。

据报道，1980年代初白鳍豚有400多头，1986年减至300头，1990年时有200余头，至1993年为130余头，至1995年不足100头。

进入2000年的时候，估计白鳍豚大概仅剩二三十头了，故而它被列为世界级的濒危动物。

2000年12月，安徽省人民政府批准在安徽省铜陵白鳍豚养护场基础上建立铜陵淡水豚类省级自然保护区。2003年6月，国家环保总局批准建立国家环境保护长江重点水生野生动物保护中心。2006年2月，国务院批准将铜陵淡水豚类省级保护区晋升为国家级

自然保护区。

2008年8月，铜陵淡水豚国家级自然保护区管理局正式成立。新成立的铜陵淡水豚国家级自然保护区管理局与国家环境保护长江重点水生野生动物保护中心实行两块牌子，一套人马，合署办公。

保护区经过多年的建设，现已初具规模，有一支高素质的专业技术队伍，各项基础设施建设完备，近年来，在江豚迁地保护方面做出了一定成绩，实现了世界上首例人工管护下江豚的繁殖。

另外，保护区对铜陵淡水豚国家级自然保护区内的退化滩涂湿地进行植被恢复，以进一步发挥湿地养育物种、控制污染的功能。同时保护区还认真做好夹江水质的监测工作，定期消毒，并限制人为活动，防止污染物对水体的影响，为长江淡水豚种群的恢复提供了可能。

保护区安排专人值班，日夜巡逻，防止有人在夹江偷鱼，进而伤害白鳍豚。同时增加喂食的次数，使白鳍豚的脂肪增厚，能有效地抵御寒冷。当遇到健康状况不好的白鳍豚，保护区科研人员立即对症下药，并通过给服药物等手段及时对其进行治疗。

为进一步加大夹江管护力度，铜陵淡水豚国家级自然保护区还在资金紧张的情况下，挤出资金建设夹江视频监控系统工程。

我们相信，在各方面力量的共同努力下之下，白鳍豚一定会有一个非常美好的明天。

 小知识大视野 ◆◆◆◆◆◆◆◆◆◆

白鳍豚的大脑表面积要比海豚的大，大脑的重量约占总体量的0.5%，其中平均一只重95千克的雄豚，大脑重470克。这重量已接近大猩猩与黑猩猩的大脑重量。甚至某些学者认为白鳍豚比黑猩猩或长臂猿还要聪明。

白鳍豚有着独特的大脑系统，可以使大脑的一半休息，另一半醒觉。成熟的白鳍豚的大脑每天有七八小时属于半睡半醒状态，其余时间全脑觉醒。在半睡半醒状态下，白鳍豚仍然会在水面漂浮。

大丰滨海——麋鹿

大丰麋鹿国家级自然保护区位于江苏省大丰市东南，面积78000公顷，是世界占地面积最大的麋鹿自然保护区，拥有世界最大的野生麋鹿种群，建立了世界最大的麋鹿基因库。

保护区为典型的滨海湿地，主要湿地类型包括滩涂、时令河和部分人工湿地，还有大量的林地、芦荡、沼泽地、盐裸地和森林草滩。

一片连着一片的红果盐蒿尽显眼前，构成了一幅令人陶醉的

生态风景画。

保护区有高等植物240多种，主要为禾本科、菊科、莎草科、豆科、藜科植物。保护区的植被为盐生草甸、盐土沼泽、水生植被，还有人工林、人工牧草及半熟土抛荒地。

区系成分复杂，但群落发育较年轻。这里植被演替迅速，生境稳定性较差。有世界分布属的芦苇、苔草、碱蓬、盐角草等；北温带分布属有拂子茅、鸢尾及罗布麻等；泛热带分布属有狗牙根；热带亚洲及热带大洋洲分布属有结缕草、地中海及中亚分布属有獐毛以及南温带与北温带间断分布的雀麦属等。

保护区有兽类14种，鸟类182种，爬行两栖类27种，昆虫299多种。其中国家保护动物一级有麋鹿、白鹳、白尾海雕、丹顶鹤等，二级有河麂等23种。

保护区有千余头从英国引进的麋鹿，物种丰富多样，具有显

麋鹿是一种大型食草动物，体长约两米，尾长0.6~0.7米。雌性体形比雄性略小，一般麋鹿体重120~180千克左右。

麋鹿的角较长，每年12月份脱角一次。雌麋鹿没有角，雄性角多叉似鹿，颈长似骆驼，尾端有黑毛。

麋鹿角形状特殊，没有眉叉，角干在角基上方分为前后两枝，前枝向上延伸，然后再分为前后两枝，每小枝上再长出一些小叉，后枝平直地向后伸展，末端有时也长出一些小叉，最长的角可达0.8米。麋鹿的角倒置时能够三足鼎立，这在鹿科动物中是独一无二的。

麋鹿的颈和背比较粗壮，四肢粗大。它的主蹄宽大能分开，趾间有皮腱膜，有很发达的悬蹄，行走时带有响亮的磕碰声。的侧蹄发达，适宜在沼泽地中行走。

麋鹿夏天时毛为红棕色，冬季脱毛后为棕黄色。初生幼仔毛色橘红，并有白斑。麋鹿的尾巴常用来驱赶蚊蝇以使它能适应沼

泽环境。

麋鹿以青草和水草为食物，有时到海中衔食海藻。麋鹿喜合群，善游泳，再加上宽大的四蹄，非常适合在泥泞的树林沼泽地带寻觅青草、树叶和水生植物等食物。雌麋鹿的怀孕期比其他鹿类要长，一般超过9个半月，而且每胎只产一仔。

麋鹿是我国特有的动物，也是世界珍稀动物。其栖息活动范围在现今的长江流域一带。长江流域是人类繁衍之地，生息于此的麋鹿自然成了人们为获得食物而大肆猎取的对象，这就致使这一珍奇动物的数量急剧减少，其野生种群很快便不复存在了。

早在3000多年前的周朝时，麋鹿就被捕进皇家猎苑，在人工驯养的状态下一代一代地繁衍下来。直至清康熙、乾隆年间，在北京的南海子皇家猎苑内尚有200多只麋鹿。这是在我国大地上人工环境中生活的最后一群麋鹿。根据大量的化石和历史资料推断，野生麋鹿大概在清朝就濒临灭绝的境地。在世界动物保护组织的协调下，英国政府决定无偿向我国提供种群，使麋鹿回归。

　　1985年英国提供了22只麋鹿，它们被放养到原皇家猎苑北京大兴区南海子，北京南海子麋鹿苑。1986年英国政府又提供了39只，在江苏省大丰麋鹿国家级自然保护区放养。1987年又提供18只。

　　大丰麋鹿国家级自然保护区经过两年的"引种扩群"和10年的"行为再塑"两个阶段后，保护区从1998年开始着手实施拯救工程的第三个阶段——"野生放归"。10年间保护区4次放归53只麋鹿。经过多年的艰辛探索，野生麋鹿逐年递增。经过多年时间的跟踪观察和监测，麋鹿的野生行为不断恢复，它们在野外具有较强的识别能力和自然保护意识，连续3年在完全自然的情况下成功产仔，并全部成活。

　　多年来，其他国家麋鹿数量没有明显的变化，而大丰麋鹿种群数量已增长了25倍，其野生种群数量、繁殖率和存活率均居世界首位。经过繁衍扩大，大丰保护区现已达到1600多只，结束了我国数百年来麋鹿无野生种群的历史。麋鹿就此被列为珍稀物种，这是麋鹿保护过程中的又一座里程碑。

保护区的建立，使麋鹿结束了近一个世纪的海外漂泊生涯，开始它的回归故里、重返大自然的新生活。

多年来，经过科技人员精心的观察和饲养，逐步掌握了麋鹿的发情、交配、产仔、脱角、生茸、换毛、觅食等生理行为和活动规律，以及鹿体的麻醉保安技术和各种疾病的有效防治措施，使阔别祖国近百年的"海外赤子"，每年以22.7％的速度迅猛递增。如今我国麋鹿的总数已由39只增殖至355只，其繁殖速度和成活率均居世界前列，大丰的麋鹿群现已成为世界最大的野生麋鹿群。

麋鹿成功回归大自然，不仅对麋鹿的回归引种发挥了巨大的作用，同时对我国其他珍稀濒危野生动物的人工驯养繁殖和回归自然也提供了可资借鉴的经验，基本实现人与自然和谐和社会环境与生态环境平衡的建设目标，成为世界麋鹿保护过程中的一座里程碑。

小知识大视野

麋鹿保护区的工作人员在全国麋鹿分布相对集中和比较分散的地域对它们进行了深层次的观察，发现了麋鹿到山上的树林中栖息和一头雌麋鹿同时哺乳3只小仔鹿以及麋鹿大量采食大米草等活动行为。

这一重大发现，是我国研究麋鹿工作的新突破，对推动我国野生动物保护事业的发展，促进相关学科的研究，都有着重要的现实意义。

坝王岭——黑冠长臂猿

坝王岭自然保护区位于海南省昌江县东南部，保护区总面积2333公顷。这里山岳连绵，群峰叠翠，林海浩渺，古木参天，自然生态系统保存完整，热带生物资源极其丰富。

在这个五彩缤纷的野生果园林里，生活着几群受到人们保护的黑冠长臂猿，这里是我国唯一的黑冠长臂猿自然保护区。

保护区内植物种类繁多，山地垂直带谱明显，层间植物繁

多，附生植物发达。高山榕是一种附生植物，它结出又红又甜的果子让飞鸟啄吃，飞鸟吞下果子，通过粪便四处传播，高山榕由此获得生长领地的不断扩大。

同时，各种野果树满山皆是，有馒头果、山石榴、山竹子、乌墨、青果榕、山橄榄、毛牡丹、野荔枝等，这些为黑冠长臂猿的生存提供了良好的条件。

保护区内珍稀野生动物很多，除黑长臂猿外，还有云豹、黑熊、水鹿、穿山甲、巨松鼠、椰子猫、灵猫、果子狸、飞鼠、孔雀雉、白鹇鸡、山鸡、啄木鸟、猫头鹰、飞鹰、山鹧鸪、蟒蛇、巨蜥等，这些动物均属珍稀动物之列。

坝王岭自然保护区的黑长臂猿现有4群20余只，为中型猿类，体矫健，体重7~10千克，体长0.4~0.5米，前肢明显长于后肢，无尾。

坝王岭黑冠长臂猿的命名还因它们头上长有一顶"黑帽"。

黑冠长臂猿雌雄异色，公猿通体黑色，体形比母猿略小，头顶有短而直立冠状簇毛，如怒发冲冠；母猿全身金黄，体背为灰黄、棕黄或橙黄色，头顶有棱形或多角形黑色的冠斑，恰似戴了顶女式黑帽。黑冠长臂猿雌雄均无尾，也无颊囊。

坝王岭黑冠长臂猿一生中要变换几次颜色。刚出生的小猿是黄色的，只有头顶正中有道黑线；半年后，它便会换上黑色的"童装"。至六七岁性成熟时，它的毛色才渐分雌雄，雌猿变成金黄色的着装，而雄猿却还是一身黑衣。雌猿由黑色变为黄色是一个渐进的过程，必须经过一年多的时间方可完成，这期间所呈现的，是一只不黑不黄的"灰猿"。

坝王岭黑冠长臂猿主要栖息于热带雨林和南亚热带山地湿性季风常绿阔叶林，其栖息地海拔约从100~2500米，它们最喜欢在海拔600米以下低地热带雨林栖息。但因低地雨林早在20世纪已经破坏殆尽，现在坝王岭黑冠长臂猿的分布也只能退到海拔650~1200米间的山地雨林中，是已知长臂猿中分布海拔最高的一个种。

坝王岭黑冠长臂猿以多种热带野果、嫩叶、花苞为主要食物，偶尔也会吃点昆虫、鸟蛋等动物性食物。黑冠长臂猿极少下地饮水，主要靠饮叶片的露水，也会用手从树洞里掏水来喝。

坝王岭热带雨林里一年四季都有不同的野果成熟，可以给长臂猿提供充足的食物，而坝王岭黑冠长臂猿对甜美的野荔枝却情有独钟。

坝王岭被称为野荔枝之乡，每到成熟的季节，生长在沟谷中高大的野荔枝树上火红的果实缀满了枝头，蔚为壮观。像人一样喜欢甜食的长臂猿自然不会错过机会，它们经常会到海拔较低的地方去享受这难得的美味。

坝王岭黑冠长臂猿的活动领域比较固定，无季节迁移现象。它们生性机警，晨昏活动，有固定的活动范围和活动路线。

坝王岭黑冠长臂猿是树栖猿类，在树上攀援自如，活动与觅食均在15米高大乔木的冠层或中层中穿越进行，很少下至5米以下的小树上活动。它没有固定的睡觉地点，也不会做窝。睡觉时它们蜷曲在树上，有时也会在树干上仰天而卧。

黑冠长臂猿活动时很少下地，也很少在树上用前肢爬，几乎所有的活动都是在树枝上用前肢攀登完成。它们在树枝间悠荡，

可说是凌空跳跃，长臂攀揽自如，悠荡时只用前掌四指搭一把便腾跃而过，不必用拇指抓握，但爬树则要用大拇指。

黑冠长臂猿与其他长臂猿不同之处在于它的种群较大，一般每群有6~10余只。社群配偶制为"一夫多妻"制，即一只雄性和两只雌性组成。只有受到干扰的小群才是"一夫一妻"制。

黑冠长臂猿性成熟时，一年一胎，一胎一仔，产仔期约在每年的五六月。黑冠长臂猿的饲养寿命可达30余年。

它们以家族为主体群居和活动，它们相互间很有感情。每天破晓，它们便各自出来活动。每个家族都有固定的生活地盘，各自占据，不容它群侵入，一见异群就奋起争斗。

幼猿在1~6岁时随父母生活，至七八岁成熟后就寻配偶生育，组成新的群体。雌猿每胎单生，黑冠长臂猿繁衍很慢。

黑冠长臂猿是世界上现存的四大类人猿之一，其生活习性有

与人类相似之处，骨骼、牙齿和生机结构也很像人，是动物学、心理学、人类学和社会学的重要实验动物。

在我国仅有海南岛和西双版纳有为数不多的黑冠长臂猿群体，海南岛是其主要产区，它们主要生活于坝王岭、五指山、尖峰岭等原始林中。

据资料记载，20世纪

初，海南森林覆盖率达90％，全岛各县均有长臂猿分布。

20世纪50年代，森林面积达86万公顷，海南黑冠长臂猿分布于海南岛澄迈、屯昌一线以南的12个县区，数量达2000多只。

20世纪60年代中期，黑冠长臂猿先后在6个县绝迹。而到了1983年，黑冠长臂猿仅在鹦哥岭主峰两侧及黎母岭主峰的南坡有发现，约30只残存于1.3万公顷天然林中，其种群大多被隔离成岛状分布。

黑冠长臂猿对生存环境有很强的依赖性，只有在原始的季雨林中才能生存，在林种单一的人工林、砍伐过的次生林里，海南黑冠长臂猿都不能生存。

对生存环境依赖性强，而赖以栖身的原始森林不断遭到破坏，这是海南黑冠长臂猿不断减少的重要原因。

随着人们大量砍伐和开垦天然林，岛上热带雨林的大面积丧失，低海拔的热带雨林大部分被毁，残余的雨林也变成绿色"孤岛"，这就使海南黑冠长臂猿的栖息环境遭受破坏并逐渐恶化。

数量上的稀少自然就产生了近亲繁殖，导致海南黑冠长臂猿种群一代不如一代。多病无治，也是海南黑冠长臂猿濒临灭绝的因素。种群分布的不连续以及繁殖率低等原因，加速了海南黑冠长臂猿的灭绝。

但是对海南黑冠长臂猿生存危害最大的还是人类的猎杀。海南黑冠长臂猿以家庭为单元活动，一只被捕杀，全家都逃不了，这使得海南黑冠长臂猿的数量急剧减少，濒临灭绝的边缘。

直至后来林业部门把斧头岭和坝王岭林区划作保护区，并开展了一系列的保护研究工作，才使得海南黑冠长臂猿得以在这最后的一小片家园里休养生息。

至20世纪90年代初，海南除了霸王岭自然保护区还有不到7只黑冠长臂猿之外，其他地区的黑冠长臂猿都逐渐没有了踪迹。

经过数十年的艰苦保护，海南黑冠长臂猿才又呈现恢复增长

的趋势。

目前海南黑冠长臂猿仅存于海南省霸王岭自然保护区这片面积只有2000公顷的热带山地雨林"孤岛"里，共4群18只，其中母猿6只，公猿和仔猿12只。

小知识大视野

黑冠长臂猿每天的活动很有规律，它们会定时地高声鸣叫，这是它们一天当中必不可少的内容。

早上，天空还没亮透的时候，黑冠长臂猿群就开始第一次鸣叫。先是公猿的高声啼鸣，接着是母猿的喧闹和歌唱，整个过程有15分钟。声音高亢洪亮，能传到几千米之外，警告别的黑冠长臂猿群不要进犯。

开始时，大公黑冠长臂猿会跑到高枝上进行"领唱"，发出口哨般的长鸣，接着母黑冠长臂猿、幼小的黑冠长臂猿也会加入其中，发出短促而杂乱的"咯、咯"声。此时，黑冠长臂猿群中的两只母黑冠长臂猿会非常激动，相拥着不停地跳跃。随后，在公黑冠长臂猿的带领下，黑冠长臂猿群在自己的领地里觅食。至八九时，在吃饱休息后，它们开始第二次鸣叫。接着它们又是一边巡视领地，一边取食。黑冠长臂猿群会在中午时分再集体鸣叫一次。

大山包——黑颈鹤

云南大山包黑颈鹤国家级自然保护区位于云南省昭通市昭阳区西部的大山包乡，海拔在3000~3200米，总面积19200公顷，以国家一级保护动物黑颈鹤及其生境为主要保护对象。

大山包是诸多河流的发源地，属长江上游金沙江水系，区内拥有高山沼泽草甸，也有多个水库。

区内湿地分布点较多，集中成片而且面积较大的湿地主要分布在跳墩河、大海子、勒力寨、秦家海子、燕麦地水库及畜牧站

等地，其中以跳墩河和大海子面积最大。

保护区草场宽阔，草甸沼泽星罗棋布，水草丰盛，空气清新，这些高山沼泽成了黑颈鹤主要的栖息地域。

保护区属亚高山沼泽化高原草甸湿性生态系统，植物区系属泛北极的植物区，区内有维管束植物56科，131属181种。其中蕨类植物9科，10属，11种；种子植物47科，121属，170种。

区内有动物10目28科68种。在大山包越冬的黑颈鹤属国家一级保护动物，已由原来的300只增加至几千只。其他的国家一级保护动物还有白尾海雕。此外，还有国家二级保护动物灰鹤、苍鹰、鸢、雀鹰、白尾鹞等7种。

黑颈鹤是一种大型的珍稀禽类，又称为"藏鹤、高原鹤"，大山包的土语把它称为"雁鹤"。目前全球仅存15种鹤，其中有9种分布于我国。

黑颈鹤是被动物学界发现最晚和唯一生活在高原环境的鹤

类，是我国特有的大型飞行珍稀涉禽，被列为全球急需挽救的濒临灭绝物种。

黑颈鹤高1.2~1.5米，重近10千克，双翼展开，宽度超过1.7米。黑颈鹤的颈部和脚都很长，头顶裸露呈暗红色，颈、尾、初级和次级飞羽为黑色，体羽为灰白色，幼鹤体羽淡棕色。

黑颈鹤是候鸟。"来不过九月九，去不过三月三"，这句谚语说的就是黑颈鹤在每年农历九月就准时从遥远的青藏高原来大山包越冬，不超过第二年的三月飞走，每年如此。

黑颈鹤越冬时集群较大，一般都有10多只至几百只在一起生活。刚飞到越冬地时黑颈鹤胆很小，特别警惕，一直要在空中盘旋，直至它们认为安全了才会慢慢地降落下来。

黑颈鹤生活在高原的沼泽地带，以洋芋、蔓菁、青稞等植物性食物为主，也会吃小鱼、泥鳅等动物性食物。而高原上生活严酷，所以黑颈鹤的数量很少，因此它们成为了珍贵的"鸟类熊猫"。

目前，全世界有8000多只黑颈鹤，到大山包越冬的就有1300

多只。因此，大山包成了国内最大黑颈鹤种群的越冬栖息地，名副其实的"黑颈鹤之乡"。

但由于高原生活条件严酷，气候变化大，冬天积雪多，食物短缺，黑颈鹤的幼鹤成活率低。

随着人类活动的范围增大，黑颈鹤被迫向更高海拔地区转移，生存空间越来越小，食物的种类和数量也越来越少。再加上不法分子的非法捕捉、杀害，对其生存造成了极大的威胁。因此，保护黑颈鹤已经势在必行。

云南昭通市现有16个自然保护区，包括大山包黑颈鹤国家级自然保护区。跳墩河是黑颈鹤在大山包的主要越冬栖息地。跳墩河名为"河"，其实只是一片高原淡水湖泊，入夜黑颈鹤就歇息在湖畔的沼泽湿地边。

每天清晨7时多，山峦间微露的晨光中黑颈鹤三三两两地开始起飞，到附近的山梁坡地上觅食。中午时分，它们就会飞回湖畔，在湖水中喝水，理羽，嬉戏，起舞弄倩影。

　　保护区地区群众有保护黑颈的历史优良传统，加上保护区管理人员的宣传教育，在社区上形成了人鸟之间和谐协调的环境，也成为自然保护的坚实基础。

　　大山包保护区自成立以来，云南昭通市政府十分重视保护区的管理工作，在提高公众保护意识、制订保护区保护法规、退耕还湿等方面给予了保护区大力的支持。当地民众尽管生活仍很贫困，但却已养成了观鸟、爱鸟、护鸟的良好习惯，使这片古老土地上鹤翔于天、声闻于野的奇特景观得以维持下来。

　　随着人们对鹤的了解和关爱，保护黑颈鹤已形成良好共识，黑颈鹤在大山包越冬的数量呈逐年增多的态势，大山包因此也成为全球黑颈鹤东部越冬种群密度最大、数量最多的地方，黑颈鹤这种大型飞行涉禽把大山包看成它们年年岁岁的越冬家园。

　　黑颈鹤骨骼匀称、体态优雅，有一副超然世外的闲适气度，

有较高的观赏价值。黑颈鹤是大自然赐给人类社会的宝贵的自然遗产，也是世界著名的重要鸟类。

小知识大视野

黑颈鹤为候鸟，每年在青藏高原繁殖，冬季在南方过冬。长途飞行时，黑鹤颈群多排成"一"字纵队或"V"字队形前进，到达目的地后，开始分群配对，并转为成对活动。

这一阶段，它们在栖息地处觅食，伸颈低头，或仰首长鸣，或绕着大圈跑动，雌雄鸟之间表现极端兴奋，特别是雄鸟更主动，绕着雌鸟跑动，展翅跳跃，向雌鸟展示自己的风姿。

5月初开始，黑颈鹤经常在早晨到中午时间交配，5月底开始产卵。刚产不久的卵呈淡青色，布满不规则的棕褐色斑点，经孵化一段时间后，淡青色变为土褐色。其孵化期为一个月左右的时间。

惠东港口——海龟

　　广东省惠东港口海龟国家级自然保护区位于广东沿海惠东县稔平半岛的最南端，地处南中国海的大亚湾与红海湾交界处大星山下的海湾岸滩，是我国海龟分布的主要海域，也是亚洲大陆唯一的海龟自然保护区。

　　保护区东北西三面环山，南面濒海，呈半月形。有东西向长约1000米，宽60~140米的沙滩带。

　　保护区内气候属南亚热带海洋性气候，年平均无霜期335天，平均气温22度，海水昼夜表层水温差别较大。海流方向随地

理环境的不同而有明显差异，流速易受风力支配，但周年变化不大，海流每昼夜涨落各两次。

保护区湿地类型为浅海、潮间沙石海滩和岩石海岸。沿岸海洋植物以马尾藻、石莼及赤藻等湿地植物为主，是鱼类、贝类等海洋生物繁殖与栖息的良好场所。

保护区近岸海底沙质，有少量礁石，水深5~15米，水质清澈，夏秋水温28度左右。

这里的沙滩坡度平缓，沙粒细小，利于海龟爬行、挖掘和产卵繁殖，因此这里一直以来是幼龟和雌龟栖息地，也是我国大陆目前唯一的绿海龟按期成批地洄游产卵的场所。我国沿海只有这里常年能见到母龟上岸产卵。

在海洋里生存着7种海龟：棱皮龟、蠵龟、玳瑁、橄榄绿鳞龟、绿海龟、丽龟和平背海龟。所有的海龟都被列为濒危动物。

生活在我国海洋中的海生龟类有 5种，有绿海龟、玳瑁、蠵龟、丽龟和棱皮龟。均被列为国家二级重点保护动物和濒危野生动植物种国际贸易公约名录。

保护区的海龟资源以西沙和南沙群岛海域最为丰富，南海北部海域次之，估计海龟数量为16 800~46 300只，其中绿海龟约85％以上，玳瑁占10％，棱皮龟、蠵龟和丽龟占3％。

每年洄游到西沙、南沙群岛海域的海龟有14 000~40 000只，洄游到南海北部海域的有 2300~5500 只，洄游到北部湾海域的有500~800 只。

海龟是存在了一亿年的史前爬行动物。海龟有鳞质的外壳，尽管可以在水下待上几个小时，但还是要浮上海面调节体温和呼吸。

海龟最独特的地方就是龟壳，它可以保护海龟不受侵犯，让

它们在海底自由游动。除了棱皮龟，所有的海龟都有壳。

棱皮龟身上有一层很厚的油质皮肤，呈现出5条纵棱。

海龟上颌平出，下颌略向上钩曲，颚缘有锯齿状缺刻。其前额鳞一对，背甲呈心形；盾片镶嵌排列，椎盾5片，肋盾每侧4片，缘盾每侧11片；四肢桨状，雄性尾长，达体长的1/2，前肢的爪大而弯曲呈钩状。

海龟虽然没有牙齿，但是它们的喙却非常锐利，不同种类的海龟就有不同的饮食习惯。海龟分为草食、肉食和杂食。红头龟和鳞龟有颚，可以磨碎螃蟹、一些软体动物、水母和珊瑚。而玳瑁海龟的上喙钩曲似鹰嘴，可以从珊瑚缝隙中找出海绵、小虾和乌贼。绿龟和黑龟的颚呈锯齿状，主要以海草和藻类为食。

海龟在吃水草的同时也吞下海水，摄取了大量的盐。在海龟泪腺旁的一些特殊腺体会排出这些盐，造成海龟在岸上的"流泪"现象。

海龟每年4~10月为繁殖季节，常在礁盘附近水面交尾，需三四个小时。雌性在夜间爬到岸边沙滩上，先用前肢挖一深度与

体高相当的大坑，伏在坑内，再以后肢交替挖一个口径0.2米，深0.5米左右的卵坑，再在坑内产卵。产毕以砂覆盖，然后回到海中。海龟每年产卵多次，孵化期50~100天。

海龟的寿命最长可达150多年，它是动物中当之无愧的老寿星。正因为龟是海洋中的长寿动物，所以，沿海人仍将龟视为长寿的吉祥物，就像内地人把松鹤作为长寿的象征一样。

保护区海龟生存的威胁主要来自三个方面：孵化区遭破坏、天敌和非法盗猎及气候变暖。

海滩的发展大大减少了海龟筑巢的场所。母海龟不再上岸孵卵的原因很多，人类的活动和噪音及垃圾挡住海龟的去路，而且如果海龟吃掉这些垃圾它们可能会死亡；海滩的人造灯光让海龟误以为是白天，误导了它们的夜间孵卵，也会使刚刚孵化出来想要回到海里的小海龟失去方向。

成年海龟的四鳍及头极易受到凶猛鱼类的攻击，母龟在产卵

后也可能成为鳄鱼、豹子、蚂蚁等陆生食肉动物的食物。小海龟出生时，鸟类也会以它们为食。到了水中，小海龟也会成为一些海生动物的食物。

另外，随着温室效应大气变暖，海平面上升，海龟产卵沙地被上升的海水覆盖，生存环境缩小。

海龟属国家二级重点保护野生动物，由于长期随意捕杀和挖取龟卵，海龟已面临濒危境地。

海龟自然保护区成立以来，惠东县政府颁发布告，将海龟湾划定40 000平方米的滩涂、水面作为保护区，并颁发了使用证书。后经广东省人民政府批准将其升级为惠东港口省级海龟保护区，成立了惠东港口海龟自然保护区管理站。再后来又将该保护区升格为国家级自然保护区，加入中国生物圈保护区网络，管理机构升格为惠东港口海龟国家级自然保护区管理局，为了加强海

洋执法监察与管理，还成立了海龟保护区渔政执勤点。

至此，保护区的海龟保护工作进入高速发展期，海龟保护工作已经取得了不少进展。沿海经济活动和有害的捕鱼作业受到监控，不允许有任何海龟制品交易，即使是从海外带来的任何海龟制品都属违法。

海龟保护区致力于海洋资源环境保护，坚持以海龟资源保护为中心，同时大力开展环保教育与科研工作，取得了丰硕成果。

该保护区成为广东海洋与水产"样板式"自然保护区，建成了水生救护中心、标本馆、多功能展示厅、专家楼、办公室等多种保护管理设施。同时，该保护区还积极开展青少年环保科普教育工作，先后被授予"惠州市环保科普教育基地""广东省青少年科普教育基地"及"中国少年儿童手拉手地球村海龟湾活动营

地"，成为广东乃至全国海洋环保科普教育的重要基地。

后来，保护区又成功举办"中国少年儿童手拉手地球村""走进海龟湾、认识生命"等活动。由于取得了显著的生态效益和社会效益，多次得到了国际自然保护联盟和国家有关部门的嘉奖。

小知识大视野

绿海龟是用肺来进行呼吸的，但其胸部不能活动，是一种吞气式的呼吸方式，每隔一段时间海龟便要将头伸出海面来呼吸。但也可以比较长时间地在水下生活，因为它还有一种具特异呼吸功能的肛囊，即直肠两侧的一对薄囊，在肛囊袋的壁上密布着许多微血管。

当绿海龟在海中栖息时，能有节奏地收缩着肛门周围的肌肉，使海水在其肛门、头部、直肠和肛囊间进出，此时微细血管内的红细胞即可从海水中摄取氧气，绿海龟不必把头伸出水面进行呼吸了。夜晚绿海龟就躺浮在海面上睡觉，暂时停止肛囊的呼吸作用，而改用肺来呼吸。

大连长兴——斑海豹

大连斑海豹国家级自然保护区位于渤海辽东湾，属辽宁省大连市管辖，主要保护对象为斑海豹及其生态环境。每年来此栖息和繁殖的斑海豹种群数量达1000只左右。每年11月，斑海豹从白令海、鄂霍次克海、日本海成群结队向我国渤海长途迁游，翌年二三月份到达我国渤海北部沿海冰面生儿育女。

大连市长兴岛冰面宽阔，结冰时间长，自然条件优越，鱼虾资料十分丰富，是斑海豹繁衍生息的天然港湾。因此，大连市长

兴岛被列为我国唯一的一处国家级斑海豹自然保护区。

斑海豹体粗圆，呈纺锤形，体长1.2米至两米，最大个体重150千克，雌兽略小，重约120千克。身体肥壮，头圆而平滑，眼大而圆，口触须细长。斑海豹吻短而宽，上唇部触口须长而硬，呈念珠状。没有外耳郭，也没有明显的颈部，四肢短，前后肢都有五趾，趾间有皮膜相连，似噗状，形成鳍足锋利爪；后鳍肢大而呈扇形，向后延伸。斑海豹尾短小而扁平，仅有0.07～0.1米长，夹于后肢之间，联成扇形。前肢朝前，后肢朝后，不能弯曲。斑海豹的身体和皮肤富有弹性，遍体生短毛，体色随年龄而异，幼时皆披白色至成体逐渐变为灰色、苍黑色，并带有褐色花纹。斑海豹背部呈蓝黑灰色，并布有不规则的棕灰色或棕黑色、蓝黑色的斑点，腹面乳白色，斑点稀少。

斑海豹栖息的环境是海水、河水、浮冰、泥沙滩、岩礁和沼

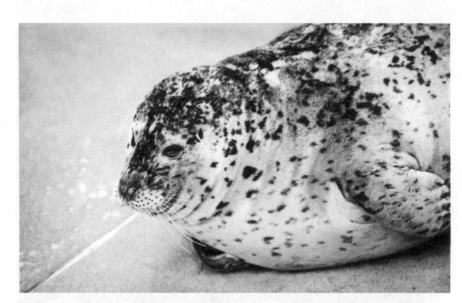

泽地。在斑海豹不同的生命周期中，它所需要的栖息环境条件也不同：斑海豹产仔时需要在浮冰上，换毛时需要岸滩或沼泽地，休息或晒太阳时需要岩岸，捕食和交配是在水中进行。

斑海豹的栖息环境要求清静、无干扰，船只马达的轰鸣声或人的干扰，都能迫使斑海豹离开原有的栖息地，而去寻找新的安静的栖息场所。斑海豹捕食的食物主要是鱼类，不同季节它所捕食的鱼的种类也不相同，这与周围水域食物动物的种类和数量有关。鲱、青鳞鱼、梭鱼、鲻、鲥、小黄鱼、黄姑鱼、带鱼、鲐、六线鱼、鲬、鲽目等20余种鱼类是斑海豹的主要食物。

斑海豹是温血哺乳动物，适于水中生活，它非常聪明，智商可以和两三岁的儿童相比。

斑海豹性柔顺而敏捷，善于游泳，生活在寒带或温带海洋中。尽管海豹在陆地上行走时显得行动缓慢，步履艰难，只能扭动着前肢短短的鳍脚和身体缓缓前进。但是到了海里，它那十分笨重的身体会变得异常灵活，不但可以轻而易举地潜入深海，还可以长达二三十分钟以上不呼吸，更可以从容自如地穿梭来往，捕食各种鱼类。斑海豹游泳时主要依靠后肢和身体的后部左右摆动前进，能以每小时27千米的速度在水面附近游动。它潜水的本领更为高强，一般可以潜至100300米左右的深水处，每天潜水多达三四十次，每次持续20分钟以上这种本领令鲸类、海豚等海洋兽类也望尘莫及。

西太平洋斑海豹的眼睛对水下及陆地都适应得极好，晶状体大而圆，水的折射率与其角膜折射率几乎相等，因此，在水中，光波通过它的角膜时不会发生弯曲折射，就如同在空气中传播一样，能使水下影像聚焦后形成在视网膜上。斑海豹在有月亮的晚上，可以借助水下昏暗的弱光探测至400多米深处的运动物体，从而捕捉猎物。

斑海豹在水中的听力也很好，能准确地定位声源。在潜水

时，它的鼻孔和耳孔中的肌肉活动瓣膜关闭，还可以阻止海水进入耳、鼻。斑海豹的分布范围较小，辽东湾是斑海豹在西太平洋最南端的一个繁殖区，也是我国海域唯一的斑海豹繁殖区。由于斑海豹具有较高的经济价值，长期以来，斑海豹遭到过量猎杀，致使其种群数量急剧减少。

另一方面，随着城市建设和辽东湾沿海地区都市化，使得原先斑海豹的栖息地逐步缩小；滩涂养殖业的发展、油田的开采、航运事业的日益发达以及近海排污等，对斑海豹繁殖的生态环境质量也造成较大的破坏。据调查，辽东弯地区每年来此栖息和繁殖的斑海豹种群数量仅1000只左右。因此，大连斑海豹自然保护区的建立，对于保护斑海豹种群及其繁殖栖息地，以及保护辽东湾内其他海洋生物及水产资源具有非常重要的作用。

保护区建有一座内径12米的暂养池、4个临时野外监测站。2001年4月，长兴岛一次放生救治好的幼斑海豹20余只。他们还派出专人专船在海上和陆地上监护看管，以确保每一只斑海豹都能安全重返海洋。每年监测站的工作人员从正月初十左右开始，将因风吹而到岸边的滞留在海面浮冰上的小斑海豹打捞上来，留在监测站进行人工喂养，等到了下一年他们4月份再将这些斑海豹放生到大海中，最多的一年曾放生斑海豹103只。

如今，大连海域已成为斑海豹最理想的繁殖区，辽东湾斑海豹的数量已升至近万头。在斑海豹保护区的核心区和缓冲区内，不得建设任何建设项目；在斑海豹保护区的实验区内，不得建设污染环境、破坏资源的生产设施；建设其他项目，其污染物排放不得超过国家和地方规定的污染物排放标准。

在斑海豹保护区的实验区内已经建成的设施，其污染物排放超过国家和地方规定的排放标准的，应当限期治理；造成损害的，必须采取补救措施。在海水结冰期间，经过斑海豹保护区的

船舶应当在固定或者传统的航道上航行，并适当降低航速，减少对冰层的损坏，发现斑海豹时应当注意避让。

船舶载运具有爆炸、易燃、毒害、腐蚀、放射性、污染危害性等特性的危险货物经过斑海豹保护区，应当符合国家安全生产、海上交通安全、防治船舶污染、危险化学品管理、民用爆炸物品管理的相关规定。

单位和个人发现受伤、搁浅或者因误入港湾、河汊、网地被困的斑海豹时，应当向斑海豹保护区主管部门或者斑海豹保护区管理机构报告，具备采取紧急救护措施的，可以采取紧急救护措施；不具备采取紧急救助措施的，可以要求附近具备救护条件的单位采取紧急救护措施。

每年12月1日至次年4月30日为斑海豹洄游期。在斑海豹洄游期内，保护区管理机构可以根据斑海豹分布情况，划定一定范围的禁渔区并向社会公布，禁止海民在禁渔区进行捕捞。

　　建设工程施工可能对斑海豹及其生存环境造成影响的，也应当避开斑海豹的洄游期。保护区的这些措施，对于斑海豹的保护起到了一定的作用。目前斑海豹种群数量已由保护区成立前的不足千头增加到现在的近2000只。

小知识大视野

　　在辽宁省大连市复州湾内的长兴岛上，有处藏在深闺人未识的海豹岛。每年的二三月份，一群群被誉为"水中骄子"的海豹在冰面上嬉戏，跳起优美的舞蹈，不时发出声声鸣叫，招引着许多行人驻足观赏，成为罕见的冰上动物园。雌海豹生育时，雄海豹日夜守护在旁，形影不离，当其他斑海豹靠近时就发出吼叫声，以此警示外来者切勿闯入。幼海豹生下后，雌海豹和雄海豹轮流潜入水中捕捉食物喂养。一个月后待幼海豹长大时，父母便携儿带女重返大洋生活。

吉林珲春——东北虎

　　珲春东北虎国家级自然保护区位于吉林省延边朝鲜族自治州东部中、俄、朝三国交界地带，东与俄罗斯波罗斯维克、巴斯维亚两个虎豹保护区和哈桑湿地保护区接壤，西与朝鲜的卵岛和藩蒲湿地保护区相邻，属于野生动物类型的自然保护区。

　　保护区的主要保护对象为国际濒危物种、一级重点保护野生动物东北虎、豹及栖息地。

　　保护区属于中温带海洋性季风气候，冬暖夏凉，年平均气温5.6度，年平均降雨量618毫米，春季东南风，冬季西北风。

　　保护区常见的野生植物有东北红豆杉、红松、紫椴、黄檗、

水曲柳、胡桃楸、钻天柳、野大豆、刺五加、莲等。

　　保护区的野生动物有东北虎、豹、梅花鹿、紫貂、原麝、丹顶鹤、金雕、虎头海雕、白尾海雕等，国家二级重点保护的野生动物有黑熊、马鹿、猞猁、花尾榛鸡等。

　　东北虎，又称西伯利亚虎，分布于亚洲东北部，即俄罗斯西伯利亚地区、朝鲜和我国东北地区。

　　东北虎体长可达3米，尾长约1米，体重达到350千克；体色夏毛棕黄色，冬毛淡黄色；背部和体侧具有多条横列黑色窄条纹，通常两条靠近，呈柳叶状。头大而圆，前额上的数条黑色横纹，中间常被串通，极似"王"字，故有"丛林之王"之美称。

　　东北虎的头骨近于椭圆形，吻部宽短，整个头骨由扁平和不正形骨构成，分脑颅和面颅两部分。头骨大而厚实，呈长菱形，吻部较宽。脑颅部低而小，至后部变尖。

　　额骨粗强，向外侧突出甚远。额骨两侧略呈隆起，中间凹陷。在额骨和鼻骨缝的连接处形成一凹窝。构成眼眶后缘的额骨

颥突和颧骨额突较小，因而两突相距较远，眶间距较窄。

　　东北虎的虎爪和犬齿利如钢刀，锋利无比，长度分别为0.15米和0.09米，是撕碎猎物时不可缺少的"餐刀"，也是它赖以生存的有力武器。另外，它还有条钢管般的尾巴。

　　东北虎栖居于森林、灌木和野草丛生的地带，独居，无定居，具有领域行为，夜行性。东北虎行动迅捷，善游泳。

　　东北虎捕食的对象主要是野猪、马鹿、狍子、麝等有蹄类动物。东北虎的基本猎物是野猪，在各个季节，虎的食物中野猪所占的比例近一半。

　　东北虎捕捉猎物时常常采取打埋伏的办法，悄悄地潜伏在灌木丛中，一旦目标接近，便"嗖"地窜出，扑倒猎物，或用尖爪抓住对方的颈部和吻部，用力把它的头扭断，或用利齿咬断对方喉咙，通常是一齿封喉，或猛力一掌击碎对方颈椎骨使其断裂而死。

而对付大型食草类动物如牛时，东北虎则采用从后背进攻的方法，猛然扑到牛的后背，用利爪固定住自身的平衡后再用利齿咬其后颈或颈椎，致其死亡方休，然后慢慢地享用停止攻击。

东北虎一年的大部分时间都是四出游荡，独来独往。只是到了每年冬末春初的发情期，雄虎才筑巢，迎接雌虎。不久，雄虎多半不辞而别，产崽、哺乳、养育的任务将由雌虎承担。

雌虎怀孕期约3个月，多在春夏之交或夏季产崽，每胎产2~4崽。雌虎生育之后，性情特别凶猛、机警。它出去觅食时，总是小心谨慎地先把虎崽藏好，防止被人发现；回窝时它往往不走原路，而是沿着山岩溜回来，不留一点痕迹。

虎崽稍大一点，母虎外出时将它们带在身边，教它们捕猎本领。一两年后，小虎就能独立活动了。东北虎的寿命一般为20年

左右。

　　东北虎如传说的山神一样，拥有火一样的神灵目光。它的身体厚实而完美，背部和前肢上的强劲的肌肉在运动中起伏，巨大的四肢推动向前，是那样的平稳和安静，看起来就像在丛林中滑行一样。

　　它相对地拥有尖硬的锯牙钩爪，拥有5个非常锐利的虎爪，使用时伸出，不用时缩回爪鞘避免行走时摩擦地面。

　　它的肌肉比最好的健美运动员的肌肉还要好看，还要结实，肌纤维极为粗，浑身上下，很少能找到多余的脂肪，强壮的骨骼附有强大的肌肉，有极强的爆发力。

　　东北虎是自然生物链中最顶端的大型猫科动物，是目前仅存的虎的5个亚种中体形最大的一种，擅长昼伏夜出。它威武而神

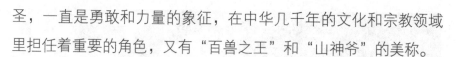

圣，一直是勇敢和力量的象征，在中华几千年的文化和宗教领域里担任着重要的角色，又有"百兽之王"和"山神爷"的美称。

人们对东北虎的捕杀率大大超过它的繁殖率，这是东北虎濒临灭绝的直接原因。由于其栖息地生态环境的破坏和偷猎者的捕杀，据统计野生的东北虎仅有500只，主要分布在俄罗斯远东地区和我国东北山林中。其中我国境内的东北虎只有不足20只，主要栖息在黑龙江省和吉林省东部林区。

我国政府已经规定了严格的保护办法，对牛羊被虎捕食的农民由国家给予赔偿，并以法律规定禁止生产、销售以虎为原料的中药、虎骨膏、虎骨酒等，堵塞东北虎应用的市场，以增强对东北虎的保护。

滥伐森林、乱捕乱杀野生动物，严重地破坏生态平衡，是造成东北虎濒临灭绝的另一个重要的间接原因。因此，保护野生东

北虎刻不容缓。

我国早在20世纪50年代就将东北虎列为国家一级保护动物，并严格禁止捕猎。

据世界最大的东北虎人工饲养繁育基地提供的资料显示，为了使野生东北虎有一个良好的生存环境，1958年，我国就在东北虎之乡的黑龙江省建立了全国第一个丰林红松原始自然保护区。1962年，国务院将东北虎列入野生动物保护名录，并建立了自然保护区。1977年，我国相关部门将东北虎列为重点保护珍稀濒危物种。2005年，吉林省珲春东北虎生活区经国务院批准列为国家级自然保护区。

据中、俄、美三国专家联合调查统计，该保护区内的东北虎有三五只，还有部分东北虎经常游荡于中俄两国之间。保护区内

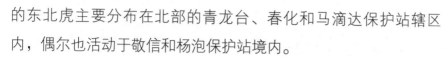

的东北虎主要分布在北部的青龙台、春化和马滴达保护站辖区内，偶尔也活动于敬信和杨泡保护站境内。

珲春东北虎国家级自然保护区作为我国第一个以东北虎、豹及栖息地为主要保护对象的自然保护区，不仅起着联系中、俄、朝三国使虎豹种群能够自由迁移，维持种群繁衍的生态通道的作用，而且在世界虎豹保护战略中也起着不可替代的重要作用，因而备受国内外所关注。

2010年以来，我国将在东北的吉林省和黑龙江省确立9个野生东北虎保护优先区，为其创造一个良好的栖息、繁殖地。

这9个保护优先区分别为：珲春——汪清——东宁——绥阳、

长白山、张广才岭南部、穆棱、桦甸、张广才岭北部、白山——通化——集安、露水河——东江、靖宇——江源。

这些保护优先区均位于俄罗斯、朝鲜和我国的边境线附近，面积约为38 000平方千米。这些区域存有大片完整的森林和一定数量的猎物种群，能够保证野生东北虎的活动和交流。

东北虎人工饲养繁育基地建立后，一直致力于研究东北虎的饲养繁育技术。近10年又引进了具有国际谱系的东北虎种源，基地内的东北虎数量已由最初的8只，发展至600多只。

东北虎人工繁育工作的成功不仅体现在东北虎数量的增多，更侧于重优秀种群的培育。基地将从千余只东北虎中选择优秀个体，建立优秀的保护种群，进一步开展野化训练工作，不断提高东北虎野外生存能力，为最终的"放虎归山"打下深厚基础。

东北虎是现存虎类中个体最大、体色最美的一种，不仅具有

很高的观赏价值，而且具有独特的美学价值。在我国，文学、绘画等方面的艺术作品中有很多关于虎的描写。如果这种动物灭绝了，对我国文化的继承和发展来讲将是一大缺损和遗憾。

小知识大视野

在人们心目中，老虎一直是危险而凶狠的动物，也是最强大的猫科动物，也是当今世界战斗力首屈一指的食肉动物。然而，在正常情况下东北虎一般不轻易伤害人畜，除非饿到极点或感觉到威胁。它是捕捉破坏森林的野猪、狍子的神猎手，而且还是恶狼的死对头。为了争夺食物，东北虎总是把恶狼赶出自己的活动地带。东北人外出时并不害怕碰见东北虎，而是担心遇上吃人的狼。人们赞誉东北虎是"森林的保护者"。

碧水精灵——中华秋沙鸭

碧水中华秋沙鸭自然保护区位于黑龙江省伊春市带岭区境内，地处我国东北东部山地小兴安岭山脉的东南段永翠河流域的中段，总面积为2535公顷。

保护区内森林茂密，植被类型齐全，风景优美，森林溪流生态系统保存完整，中华秋沙鸭营巢的巢树充足，河水无污染，冷水鱼类及其他水生生物丰富，为中华秋沙鸭的生存提供了保障。

保护区内的主要河流永翠河不仅是保护区内野生动植物所需水分的主要供应地，也是带岭区重要的生态屏障和汤旺河、松花江的水源涵养地，有着极其重要的保护意义和保护价值。

中华秋沙鸭是第三纪子遗物种，距今已生存了1000多万年，被称为鸟类中的活化石，属国家一级重点保护动物，是雁形目中唯一一种国家一级保护鸟类。它与大熊猫、华南虎、滇金丝猴齐名，同为中国国宝，并已被列入国际自然与自然资源保护同盟濒危动物红皮书和国际鸟类保护联合会濒危鸟类名录。

中华秋沙鸭属于鸟纲，雁形目，鸭科，别名鳞胁秋沙鸭、油鸭、唐秋沙其嘴形侧扁，前端尖出，与鸭科其他种类具有平扁的喙形不同。

中华秋沙鸭的嘴和腿呈脚红色。雄鸭头部和上背黑色，下背、腰部和尾上覆羽白色，翅上有白色翼镜，头顶的长羽后伸成双冠状。它的胁羽上有黑色鱼鳞状斑纹。雌鸟的头部呈棕褐色，上体蓝色，下体白色，本种无严重分化。

中华秋沙鸭出没于林区内的湍急河流，有时在开阔湖泊，成对或以家庭为群。它觅食时多在缓流深水处潜水捕食鱼类，捕到鱼后先衔出水面再行吞食。

中华秋沙鸭善潜水，潜水前上胸离开水面，再侧头向下钻入水中，白天活动时间较长。此外它还食石蚕科的蛾及甲虫等。

中华秋沙鸭性机警，稍有惊动就昂首缩颈不动，随即起飞或急剧游至隐蔽处。它们于每年4月中旬沿山谷河流到达山区海拔1000米的针、阔混交林带，常成三五只小群活动，有时和鸳鸯混在一起。

中华秋沙鸭在繁殖季节时成对，偶尔见有一雄二雌结合，求偶期间亦常出现争雌现象。交配在水中进行，孵化期35天。

中华秋沙鸭到达繁殖地后，就开始寻找天然树洞作巢。巢多筑在紧靠河边的老杨树的天然树洞中，巢内垫以木屑，上面覆盖着绒羽，并混有少量羽毛和青草叶。

交配前雄鸭围绕雌鸭游动嬉戏，当雌鸭靠近时雄鸭猛扑到雌鸭背上进行交配。4月初至4月中旬产卵，雌鸭通常一天产一枚卵，产最后一枚时常间隔一天。一只中华秋沙鸭年产一窝，每窝

产卵10枚左右。

卵为长椭圆形，浅灰蓝色，遍布不规则的锈斑，钝端尤为明显。雌鸭在产完最后一枚卵后开始孵卵，孵卵期内每日坐巢时间很长，除中午出巢约一小时外，其余时间都在孵卵，孵卵期为30天左右。

孵化期间，雌鸭的活动比较有规律。它每天外出觅食两三次，每次外出觅食的时间大约为一个小时。晴天并且气温较高时，成鸭外出觅食的次数多，觅食时间也要稍微长一些。阴天或气温较低时，成鸭寻食的次数减少，觅食时间也稍短一些。在雏鸟出巢前的两三天内，母鸭外出寻食的次数明显减少，并且每次外出寻食的时间也由原来的一个小时左右缩短为每次20分钟至半个小时左右。

雏鸟出巢时，由亲鸟带领跳出洞口，进入水中。中华秋沙鸭一般是以家族群活动的。

由于中华秋沙鸭繁殖分布区域狭窄，数量极其稀少，且栖息

繁殖地已呈孤岛状，破碎化严重。因此，对其进行保护十分紧要。

碧水中华秋沙鸭保护区成立以来，在各级政府和有关部门的关心和帮助下，保护区在资源保护和建设乃至科研方面做了大量的工作，使碧水中华秋沙鸭自然保护区的建设初具规模。

为了最大限度地给中华秋沙鸭保护提供便利，保护区进行严密的监护，禁止一切人为猎捕野生动物和乱砍滥伐的行为。

在春季中华秋沙鸭迁徙时，沙石还没有完全解冻，取食有一定困难，工作人员就凿冰捕鱼，定点投放，保证它们摄取食物。

在繁殖期，研究人员积极探窝，修复洞口，扩大洞内面积，保证有足够数量的营巢树洞，并且定时、定点地巡护。

通过努力，保护区成功完成了世界首例人工繁殖中华秋沙鸭，填补了世界空白。同时，通过救助、野外驯化方式增加其种群，成功地将50余只中华秋沙鸭放飞。

保护区成立以来先后与带岭林业科学研究所、东北林业大学

野生动物资源学院等科研院所进行了广泛的合作，开展了《黑龙江中华秋沙鸭的现状及其保护》《带岭林区中华秋沙鸭数量与栖息地调查》等课题的研究，还重点开展了中华秋沙鸭野外繁殖生态学的科学观测工作。

2005年保护区投入了大量的人力、物力，历时一个月的时间找到了4处中华秋沙鸭巢，其中最多的一个巢内有14枚卵，最少的有9枚。

工作人员有选择地在其中两处鸭巢内安装了两套监控设备，密切跟踪观测中华秋沙鸭的生活习性，用6个监控摄像头多角度监测记录中华秋沙鸭孵化全过程，研究结果总结发表了学术论文《中华秋沙鸭巢址选择及孵化期活动节律的研究》。

此项研究是我国首次利用现代化的电视监控系统记录了中华秋沙鸭孵化的全过程。研究中获取的关于亲鸟孵化行为、孵化周期、鸭雏的出巢过程及在水中生活习性等数据与资料填补了我国

中华秋沙鸭孵化研究过程中的空白，为研究中华秋沙鸭的繁殖生物学和繁殖生态学提供了可靠的第一手资料，也为保护区采取保护措施提供了有效及时的科学依据。

在监测后期，科研人员意外发现被亲鸟丢于巢内最后孵出的4只雏鸟，于是对它们开展了救护，将其取出进行人工饲养。科研人员在取鸭雏时发现该巢的位置较深，刚出壳的这4只鸭雏活动能力较弱，没能及时跳出这个树洞。这4只鸭雏与后期被救护的一只鸭雏和一只亚成体中华秋沙鸭一起在保护区工作人员的精心饲养下生长发育良好。

保护区的科研人员在近几年工作实践中已探索出一套中华秋沙鸭人工驯养和越冬的成功经验。目前保护区在保护的基础上，正策划通过人工驯养繁殖并野化放飞这一手段来增加中华秋沙鸭的野外种群数量，以此来拯救中华秋沙鸭这一全球性濒危物种。

通过多年来的保护和管理，碧水中华秋沙鸭由建区前的不足

10只的偶见，成为种群数量达数百只的常见种，而且种群数量保持较稳定。碧水保护区被认为是中华秋沙鸭在国内最大的集中繁殖栖息地。

保护区的建设和发展，对于保护生物多样性，维护生态平衡，保护珍贵稀有的中华秋沙鸭及其赖以生存的森林溪流生态系统，促进带岭区经济的良性发展都具有十分重要的意义。

小知识大视野

中华秋沙鸭以往在我国广有越冬记录，但分布点零散，而且多为小群或零星个体，很少在同一地见到10只以上的个体记录。

1989~1991年冬季水鸟调查共记录中华秋沙鸭48只，主要分布在江苏省盐城、高宝湖，湖南省洞庭湖，辽宁省丹东及甘肃省兰州等地。

近几年来新发现的中华秋沙鸭越冬地主要见于安徽省肥东，山东省荣成、长岛及沿海一带，吉林省和辽宁省的鸭绿江等地。

21世纪初在赣东北的弋阳、婺源相继发现中华秋沙鸭的较大越冬群，总数量至少超过100只，而且其数量和分布地点相对保持稳定。吉林省集安市境内的鸭绿江上发现8只，黑龙江省共有170只左右，其种群数量较稳定。

武陵源——大鲵

大鲵国家级自然保护区位于湖南省张家界市武陵源区，面积14285公顷。该保护区1995年经湖南省人民政府批准建立，1996年晋升为国家级自然保护区，主要保护对象为大鲵及其生态环境。

保护区由于太平洋东南季风受到武陵山脉的阻挡，形成当地的季雨气候，四季分明，夏无酷暑，冬无严寒。适宜的气候条件

和发达的水系为国家重点保护野生动物大鲵的栖息和繁衍提供了良好的生态环境，因而使保护区成为我国大鲵的集中分布区之一。

保护区植物资源非常丰富，森林覆盖率达67％。这里有国家一级保护植物珙桐、伯乐树、南方红豆杉等5种，二级保护植物白豆杉、杜仲、厚朴等16种；这里生长的野生动物达400多种。

保护区还有一级保护动物豹、云豹、黄腹角雉3种，二级保护动物大鲵、猕猴、穿山甲等25种。

在武陵源动物世界中，较多的是猕猴，当地人叫做"娃娃鱼"的大鲵，则遍布于溪沟、泉眼和深潭之中。

大鲵，又名娃娃鱼、海狗鱼、狗鱼，是世界上现存最大的也是最珍贵的两栖动

物。因为它的叫声像幼儿哭声，因此得名"娃娃鱼"，它属国家二类保护水生野生动物，主要栖息于长江、黄河及珠江中上游支流的山涧溪流中。

大鲵是两栖动物中体形最大的一种，全长可达一米及以上，体重最重的可达百千克，而外形有点类似蜥蜴，只是相比之下更为肥壮扁平。科学家研究发现，大鲵小时候用的是鳃呼吸，长大后用肺呼吸。大鲵头部扁平、钝圆，口大，眼不发达，无眼睑；身体前部扁平，至尾部逐渐转为侧扁；体两侧有明显的肤褶，四肢短扁，指、趾前四后五，具微蹼。尾圆形，尾上下有鳍状物。

大鲵栖息于山区的溪流之中，在水质清澈、含沙量不大、水流湍急并且要有回流水的洞穴中生活，洞穴位于水面以下。夜间大鲵静守在滩口石堆中，一旦发现猎物经过时，便进行突然袭

击，因为它口中的牙齿又尖又密，猎物进入口内后很难逃掉。

大鲵生性凶猛，肉食性，以水生昆虫、鱼、蟹、虾、蛙、蛇、鳖、鼠、鸟等为食。捕食方式为"守株待兔"。它的牙齿不能咀嚼，只是张口将食物囫囵吞下，然后在胃中慢慢消化。

大鲵有很强的耐饥本领，饲养在清凉的水中两三年不进食也不会饿死。它同时也能暴食，饱餐一顿可增加体重的1/5。食物缺乏时，大鲵还会出现同类相残的现象，甚至以卵充饥。

大鲵的体色可随不同的环境而变化，但一般多呈灰褐色。它的体表光滑无鳞，但有各种斑纹，布满黏液。

雌鲵每年七八月间产卵，卵产于岩石洞内，每尾产卵300枚以上。产完卵后剩下的抚育任务就交给了雄鲵。

雄鲵把身体曲成半圆状，将卵围住，以免卵被水冲走或遭受敌害，直至两三周后孵化出幼鲵。15~40天后，幼鲵要分散生活了，雄鲵才肯离去。大鲵的寿命在两栖动物中也是最长的，在人工饲养的条件下，能活130年之久。

了解大鲵的生态习性对于养殖很重要，大鲵喜静怕吵，喜清水怕浑水，喜阴暗怕强光，养殖中要尽量照顾它的这些习性。另外，定时对鲵体及养殖池消毒防病，注意水温的变化，夏季要控制水温不超过26度，以防其"夏眠"，冬季要防止水温低于结冰温度。

另外，光照是影响大鲵性腺发育的重要生态因子，大鲵是在黑暗光线下完成性腺成熟的。强烈的光照不适宜大鲵生长发育，甚至易造成不明死亡。

大鲵在地球上的生长历史可以追溯至3.5亿年以前，它素有"活化石"之称，是国家二级保护动物，具有极高的科研价值。

但自上个世纪60年代以来，由于自然环境的破坏，不法分子非法捕杀、走私贩卖大鲵，加上野生大鲵资源再生能力差等原因，野生大鲵资源量急剧下降，面临资源枯竭的危险。

为了挽救大鲵这种神奇而濒临灭绝的保护动物，国家成立了张家界省级大鲵国家级自然保护区。保护区成立以来，张家界当地的人民群众参考前人留下的宝贵资料，又开始了漫长而艰巨的人工养殖大鲵的相关研究。

大鲵在张家界民间饲养的历史可以追溯至战国时期，它是长江流域的一个品系，它是根据当地的自然条件和社会经济条件，经过长期的自然选择和人工选择而形成的。

张家界独特的砂石岩林地貌、适宜的气候环境、丰富的饵料资源、优良的水质条件及悠久的养殖习惯，生产出了品质优良的张家界大鲵。

在张家界市辖区已有大鲵驯养繁殖许可企业几十家，其中有湖南省农业产业化龙头企业、湖南省高新技术企业。全市储存大鲵资源几十万尾，年产大鲵幼苗10万余尾。

我国是大鲵的原产国，20世纪70年代大量出口换汇，加之生态环境破坏，致使大鲵的数量急剧下降，许多地方的大鲵资源枯竭，甚至濒临灭绝。

为了保护这一资源，我国已于1988年将大鲵列入国家二级重点保护野生动物。保护区在对大鲵进行养殖的同时，还对保护大鲵采取了行之有效的措施。凡出售大鲵必须持有渔政部门批准颁发的《水生野生动物驯养证》《经营利用许可证》《运输证》，并向经营所在地的渔政部门提出申请。

小知识大视野

为唤醒国内对大鲵这种珍稀动物的保护意识，张家界将为国内最大的大鲵"笨笨"申报吉尼斯世界纪录。这条取名"笨笨"的中国大鲵，2005年曾在张家界国际森林保护节上与公众见面，当时展出时长约1.8米，重约65千克，娃娃鱼"笨笨"已近130岁的高龄，体长近两米，是迄今为止国内发现的最大娃娃鱼。据介绍，"笨笨"是张家界白族农民王国兴1982年从邻乡群众手中收购而来，当时重约45千克，体长约1.5米。随着大鲵"笨笨"的年老体弱，怕光怕人，"笨笨"被放回张家界国家大鲵自然保护区内的纯天然溶洞里生活。

桃红岭——梅花鹿

桃红岭梅花鹿自然保护区位于长江中下游南岸的江西省彭泽县境内的桃红岭、显灵庵、陡岭、南蜡烛尖以及龙王殿一带，面积达12 500公顷，是我国野生梅花鹿南方亚种最大的分布区。

保护区野生梅花鹿总数仅有上千只左右，濒临灭绝，已被国际自然资源保护联盟列为濒危物种。

保护区内维管束植物有1200余种，地带性植被为常绿阔叶

林，海拔250米以上主要为马尾松疏林灌丛，及由高中草本植物组成的灌木草丛。灌木有胡枝子、大叶胡枝子及苦槠、青冈栎等。

海拔250米以下溪谷山坡还残留有次生苦槠、青冈栎、木荷常绿阔叶林及苦槠、木荷、小叶栎、白栎常绿落叶阔叶混交林。

保护区内药用植物种类丰富，如桔梗科的苦叶沙参、桔梗；伞形科的白花前胡、竹叶柴胡；百合科的土茯苓、百合。其中葛藤、紫花地丁、乌饭树的叶和果以及茅栗叶、耳叶牛皮消、羊乳、玉竹、黄精、美丽胡枝子、蕨类及苔藓等都是梅花鹿喜食植物。梅花鹿之所以药用价值高，可能是与它吸收这些植物的特殊营养成分有关。

保护区内野生动物资源丰富，种类繁多，梅花鹿在灌草丛中徜徉，豹、豺、狼等到猛兽在林间出没，河麂、苏门羚在灌草丛中游憩，老鹰在蓝天白云之间翱翔，杜鹃、白鹇跳跃于枝头，啼鸣不绝于耳。

除梅花鹿外，这里还有国家一、二级保护动物云豹、金钱豹、白颈长尾雉、苏门铃和豺等。梅花鹿属国家一级保护动物。在分类上隶属哺乳纲偶蹄目鹿科，为东亚特有种。梅花鹿属中型鹿类，体长1.25～1.45米，尾长0.12～0.13米，体重70～100千克。其头部略圆，颜面部较长，鼻端裸露，眼大而圆，眶下腺呈裂缝

状，泪窝明显，耳长并且直立。而且它的颈部长，四肢细长，主蹄狭而尖，侧蹄小，尾较短。

梅花鹿的毛色随季节的改变而改变，夏季体毛为棕黄色或栗红色，无绒毛。因为在梅花鹿的背脊两旁和体侧下缘镶嵌着有许多排列有序的白色斑点，状似梅花，因而得名。梅花鹿冬季体毛呈烟褐色，白斑不明显，与枯茅草的颜色类似。颈部和耳背呈灰棕色，一条黑色的背中线从耳尖贯穿到尾的基部，腹部为白色，臀部有白色斑块，其周围有黑色毛圈；尾背面呈黑色，腹面为白色。

雌鹿无角，雄鹿的头上具有一对雄伟的实角，角上共有4个叉，眉叉和主干成一个钝角，在近基部向前伸出；次叉和眉叉距离较大，位置较高，因而常被误以为没有次叉。主干在其末端再次分成两个小枝。主干一般向两侧弯曲，略呈半弧形，眉叉向前上方横抱，角尖稍向内弯曲，非常锐利。

　　梅花鹿生活于森林边缘和山地草原地区，不在茂密的森林或灌丛中，这样有利于快速奔跑。梅花鹿白天和夜间的栖息地有着明显的差异。白天梅花鹿多选择在向阳的山坡，茅草深密、体色相似的地方栖息，这样可以较早地发现敌害，以便迅速逃离。夜间梅花鹿则栖息于山坡的中部或中上部，坡向不定，但仍以向阳的山坡为多，栖息的地方茅草则相对低矮稀少。

　　梅花鹿大部分时间结群活动，群体的大小随季节、天敌和人为因素的影响而变化，通常为三五只，多时可达20多只。在春季和夏季，群体主要是由雌鹿和幼仔所组成，雄鹿多单独活动，发情交配时归群。

　　梅花鹿晨昏活动，生活区域随着季节的变化而改变。春季梅花鹿多在半阴坡，采食栎、板栗、胡枝子、野山楂、地榆等乔木

和灌木的嫩枝叶和刚刚萌发的草本植物。夏秋季梅花鹿迁到阴坡的林缘地带，主要采食藤本和草本植物，如葛藤、何首乌、明党参、草莓等。冬季则喜欢在温暖的阳坡，采食成熟的果实、种子以及各种苔藓地衣类植物，间或到山下采食油菜、小麦等农作物，还常到盐碱地舐食盐碱。

梅花鹿性情机警，行动敏捷，听觉、嗅觉均很发达，视觉稍弱，胆小易惊。由于梅花鹿四肢细长，蹄窄而尖，故而奔跑迅速，跳跃能力很强，尤其擅长攀登陡坡，那连续大跨度的跳跃，速度轻快敏捷，姿态优美潇洒。梅花鹿能在灌木丛中穿梭自如，或隐或现。

在自然条件下梅花鹿是群居的，少则10多只，多到几十只。梅花鹿在寒冷的冬季比其他季节的集群性更大。人工圈养的梅花鹿群其群居性仍然没有改变，鹿群中的头鹿常会影响整个鹿群的行动，为逃避伤害，众多的鹿都会按照头鹿或少数几只鹿的躲避方向和路线奔跑。偶尔因病或其他原因令个别鹿离群单独饲养，此时的梅花鹿则表现为胆怯不安，在圈内不停地来回走动，甚至拒绝采食和饮水。人们利用梅花鹿的这种群居性，对梅花鹿进行驯养、放牧和控制整个鹿群。每年8~10月梅花鹿开始发情交配，雌鹿发情时发出特有的求偶叫声，大约要持续一个月左右，而雄鹿在求偶时则发出像老绵羊一样的"咩咩"的叫声。

"角斗"在鹿类中是一种非常普遍的现象，一只健壮的雄鹿通常可以拥有10多只雌鹿。在一个繁殖季节，雌鹿可以多次发情，其发情周期为5天，一旦受孕后便不再发情。雌鹿的妊娠期为230天左右，产仔于翌年五六月，一般每胎仅产一仔，也有少数为两仔。产下的幼仔体毛呈黄褐色，也有白色的斑点，几个小时就能站立起来，第二天可随雌鹿跑动。母鹿觅食时先到林外四处探望，确信没有危险后，才把幼仔带出来，发现险情会发出惊叫，带着幼仔逃进密林。

梅花鹿具有很高的的科学价值和观赏价值，为了保护这一濒临灭绝的珍贵物种，江西省于1981年建立了江西省桃红岭梅花鹿

保护区。

科研监测是保护区的一项重要的工作。它一方面对保护区内的野生梅花鹿种群数量、分布、迁移、繁殖状况等到进行监测，以掌握最新动态，探索其动态变化规律，为保护和发展野生梅花鹿种群提供科学依据；另一方面它通过对梅花鹿栖息环境、活动规律以及繁殖、食性等生态习性的监测，查清影响梅花鹿生存、繁殖的主要生态因子，为梅花鹿适生系统的恢复营建、资源保护、救护与驯养繁殖等提供科学依据多种方式。

保护区在保护措施上采取了举办夏令营、成立宣传队、制作视听材料、制作宣传标牌及建设标本馆等。

保护区组织人员定期到社区作报告、召开座谈会，促进双方对保护知识的沟通与交流；举办保护梅花鹿的巡回展览，在社区采取展示板、墙报、标语等形式开展宣传教育活动；组织专门人员定期到社区进行自然保政策、法律、法规的宣传，增强当地居民的环保法律意识。

保护区经常为社区学校提供参观、实习的条件，使更多的人熟知自然保护的重要意义。提高公众的保护意识，中小学生是很重要的组成部分，通过举办夏令营，组织学生到保护区开展野外活动，使他们认识自然、了解自然、热爱自然、保护自然。

由于近年保护区在保护措施上加在了力度，成效显著，野生梅花鹿活动的区域已向桃红山外围扩展，梅花鹿繁衍生息的环境得到保护，种群数量由建区前的不足60只发展到400只，种群数量呈上升趋势。

小知识大视野

《彭泽县志》有"山有文禽奇兽，美鹿争鸣"之记。桃红岭集日月之精华，得山川之灵气，钟灵毓秀，古往今来，文人志士，涉足其间，留下大量的人文景观。晋朝陶侃，字士衡。一生宦海，在军41年，屡立战功，总领八州都督。晋成帝念其德高望重，以雌雄梅花鹿一对赠之。陶侃退休后，回到浔阳，遍游故乡山水名胜。当他来到桃红岭时，不禁拍撑叫绝："江南之钟灵尽聚于此山，真仙境也！"于是来到此隐居，每日与御赐梅花鹿为伴。

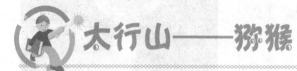

太行山——猕猴

太行山猕猴自然保护区位于河南省济源市、沁阳市、修武县、辉县市4县市境内。保护区由济源保护区和沁阳松岭保护区合并而成，主要保护对象为猕猴及森林生态系统。

太行山山势雄伟，森林茂密，野生动植物种类繁多，气候凉爽宜人，是中原地区独具特色的以森林为主体的生态区。这里生物资源丰富，区系成分复杂，具有明显的植被垂直带谱，森林覆盖率达70％，多为天然次生林。

保护区内以维管束植物为主，其中包含蕨类植物、裸子植物、被子植物等，列入国家重点保护的植物有连香树、山白树、

太行花和领春木等。区内脊椎动物近300种，其中主要包括哺乳类、鸟类、两栖类和爬行类等。列入国家重点保护的野生动物有金钱豹、金雕、黑鹳、白鹤等30余种。

该保护区与山西太行山保护区毗邻，都是当今世界猕猴分布的最北限，其主要保护对象太行猕猴为猕猴的华北亚种，现有20余群2000多只，是目前我国猕猴数量最多、面积最大的猕猴保护区，具有十分重要的保护价值。

猕猴，属猕猴种，也称为猢狲、黄猴、恒河猴、广西猴。猕猴是我国常见的一种猴类，体长0.4~0.5米，尾长0.15~0.24米。其头部呈棕色，背上部呈棕灰或棕黄色，下部呈橙黄或橙红色，腹面呈淡灰黄色。猕猴的鼻孔向下，具颊囊，臀部的胼胝明显。其个体稍小，颜面瘦削，额略突，肩毛较短，尾较长，约为体长一半。

猕猴四肢均具5指，有扁平的指甲。其身上大部分毛色为灰黄色灰褐色，腰部以下为橙黄色，有光泽，胸腹部及腿部的灰色较浓。猕猴面部、两耳多为肉色，臀胝发达，多为红色或肉红色，雌猴色更赤，眉骨高，眼窝深，有两颊囊，雄猴比雌猴要长和重一些。猕猴一般营半树栖生活，通常以树叶、嫩枝、野菜等为食，也吃小鸟、鸟蛋、各种昆虫，甚至蚯蚓、蚂蚁。

猕猴采食野果时贪婪嗜争，边采边丢，只食甜熟果子，未熟果却丢弃，故猴群过处往往遍地断枝弃果，因而它们对野果的可利用程度较低，常常要扩大觅食范围，活动时间也往往较长。

猕猴善于攀援跳跃，会游泳和模仿人的动作，有喜怒哀乐的表现。猕猴集群生活，群居，一般30~50只为一群，大群可达200只左右。猴群大小与栖息地环境优劣而有别，一般都有十多只或数十只。繁殖和缺食季节，猕猴往往集群大些，故活动范围也较大。猕猴一般于11~12月发情，次年3~6月产仔，或3年生两胎，每胎产一仔，妊娠期平均为5个月左右，哺乳期约4个月。

猕猴适应性强，容易驯养繁殖，生理上与人类较接近，因此

是生物学、心理学、医学等多种学科研究工作中比较理想的试验动物。目前我国猕猴的数量最多仅及四五十年前的1/4。

许多地区甚至连猴迹都断绝多年了。在我国《国家重点保护野生动物名录》中被列为国家二级保护动物，在《中国濒危动物红皮书》中被列为易危种。

小知识大视野

一个名为"猕猴基因组测序和分析联合体"的国际科研小组宣布，他们成功破译出了猕猴的基因组，这是继人类和黑猩猩之后，科学家破译出的第三种灵长类动物基因组。测序结果表明，猕猴的基因与黑猩猩及人类的基因相似度约为97.5％，而黑猩猩和人类的基因相似度则更高，两者共有的基因达99％。

猕猴是一种相对古老的灵长类动物，测序小组说，测序猕猴基因组将提供一个独特的视角，帮助人类更好地理解灵长类的进化路径。如果说黑猩猩是人类的"近亲"的话，猕猴可以算是人类的"远戚"，它和我们的祖先在大约2500万年前"分道扬镳"。测序小组负责人理查德·吉布斯说："因为猕猴比黑猩猩在进化上离我们更远，所以现在三种灵长类基因组相对比，更具研究价值。"

图书在版编目(CIP)数据

自然动物景观/戚光英编著. —武汉:武汉大学出版社,2013.8(2023.6
重印)

ISBN 978-7-307-10597-3

Ⅰ.自… Ⅱ.戚… Ⅲ.珍稀动物 – 自然保护区 – 中国 – 普及读物
Ⅳ.S759.992 – 49

中国版本图书馆 CIP 数据核字(2013)第 199957 号

责任编辑:刘延姣　　　　　责任校对:文大海　　　　　版式设计:大华文苑

出版发行:**武汉大学出版社** 　(430072　武昌　珞珈山)
　　　　　(电子邮箱:cbs22@ whu. edu. cn 网址:www. wdp. com. cn)
印刷:三河市燕春印务有限公司
开本:710×1000　1/16　　印张:10　　　字数:156 千字
版次:2013 年 9 月第 1 版　　2023 年 6 月第 3 次印刷
ISBN 978-7-307-10597-3　　定价:48.00 元

版权所有,不得翻印;凡购我社的图书,如有质量问题,请与当地图书
销售部门联系调换。